U0246275

[美] 亚历山大·本特利（R. ALEXANDER BENTLEY）
[美] 迈克尔·奥布莱恩（MICHAEL J. O'BRIEN）　著
任烨 ——— 译

THE

ACCELERATION

OF

CULTURAL

CHANGE

加速进化的人类文化

人类进化的真相

图书在版编目（CIP）数据

从祖先到算法：加速进化的人类文化 /（美）亚历山大·本特利，（美）迈克尔·J.奥布莱恩著；代缤楷译. --
北京：中信出版社，2019.7
书名原文：The Acceleration of Cultural Change:
From Ancestors to Algorithms
ISBN 978-7-5217-0572-0

Ⅰ. ①从… Ⅱ. ①亚… ②迈… ③代… Ⅲ. ①人工智能－普及读物 Ⅳ. ①TP18

中国版本图书馆 CIP 数据核字（2019）第 092982 号

The Acceleration of Cultural Change
by R. Alexander Bentley & Michael J. O'Brien
Copyright © 2017 Massachusetts Institute of Technology
Simplified Chinese translation copyright © 2019 by CITIC Press Corporation
ALL RIGHTS RESERVED
本书仅限中国大陆地区发行销售

从祖先到算法：加速进化的人类文化

著　者：[美] 亚历山大·本特利 [美] 迈克尔·J.奥布莱恩
译　者：代缤楷
出版发行：中信出版集团股份有限公司
（北京市朝阳区惠新东街甲 4 号富盛大厦 2 座　邮编 100029）
承　印　者：三河市中晟雅豪印务有限公司

开　本：880mm×1230mm　1/32　　印　张：5.75　　字　数：112 千字
版　次：2019 年 7 月第 1 版　　印　次：2019 年 7 月第 1 次印刷
京权图字：01-2019-3332　　　　　广告经营许可证：京朝工商广字第 8087 号
书　号：ISBN 978-7-5217-0572-0
定　价：58.00 元

版权所有·侵权必究
如有印刷、装订问题，本公司负责调换。
服务热线：400-600-8099
投稿邮箱：author@citicpub.com

"CULTURAL" .EVOLUTION. 目　录

序

前田约翰

　　我很高兴能为大家介绍《窃言盗行：模仿的科学与艺术》的作者的最新力作，虽然这本书很容易被认为是前一本书的续集，但根据我从《从祖先到算法》中了解到的东西，我明白了一个道理：仅仅因为两本书先后出版就认为它们彼此相关是一种陈旧的思维方式。要知道，前一本书已经出版 6 年了，在这 6 年中可能会发生很多事情，特别是在以摩尔定律为标准来纪年的那段时间。

　　距离我写《简单法则》已经十多年了，当"简单系列"的第一本书于 2006 年出版时，iPhone 还未上市，计算机的用户数量还没有达到 10 亿，而移动计算意味着用户要携带重达好几磅[①]的笔记本电脑，而且电脑充一次电只能运行几个小时。如今，我们的生活不受束缚，可以始终保持在线，随时紧跟潮流，不断与无数机器和其他人连接在一起，而实现这一切的就是被本特利和奥布莱恩称为"现

---

①　1 磅 ≈ 0.453 6 千克。——编者注

代阿舍利手斧"的、随时可用的智能手机。只不过手斧是用来切割的，而智能手机是用来连接的。

我们有利用计算建立大规模连接的能力，这一能力是以前的人所不具备的。本特利和奥布莱恩在本书中，通过回顾过去，让我们更加清晰地看到我们取得的进步。他们一直追溯到170万年前的更新世。不过你应该已经意识到这一点了，因为我猜你已经查询过前面提到的"阿舍利手斧"了，或许你以为可以去外面或者在巴塔哥尼亚的网上商店里买到这种东西。很抱歉。这本书里有非常多的术语和单词并不来自TechCrunch上的热门文章或者未来派的TED最新演讲中传播的"模因"。你会看到很多与今天这个新世界已经不再相关的旧话题，因为知识已经从窄而深的"传统"形式变成了如今的宽而浅的形式，也就是作者描述的"形如地平线"的样子。

凝视地平线的感觉，我再熟悉不过了。我一直在进行研究，试图触摸它，理解它。尽管在20世纪80年代到90年代，我在麻省理工学院主导了对于计算机技术的研究，但我能接受它从研究领域和学术界离开的事实，而且我的想法与本特利、奥布莱恩通过这本书想要表达的想法是相似的，那就是回顾历史，为未来重新定位。于是我离开麻省理工学院，及时回归传统理念，开办了一所艺术与设计大学。后来我再一次朝着未来进发，以凯鹏华盈①合伙人的身份进入硅谷，从事风险投资业，正是这家投资公司造就了我们今天

---

① 凯鹏华盈是世界最大的风险投资公司。——译者注

熟知的像谷歌和亚马逊这样的公司。在与超过 100 家处于各个发展阶段的科技创业公司合作之后，2016 年年底，我决定加入其中一个，如今我在一家名叫 Automattic 的科技创业公司工作，创办这家公司的是 WordPress[①] 项目的联合创始人。

考虑到我们如何走到现在的状况是摩尔定律依然在影响着技术、社会、经济和政治变革的假象，本特利和奥布莱恩所采取的方法在我看来是非常有意义的。所以说，为了收集足够多的不同的数据，我们需要接触更广泛的领域，从而为预测未来做好充分的准备。在这本很薄但实用的书中，你将会看到分散在不同空间和时间、来自不同文化的众多信息点，其中，技术文化将是作者要分析的一个重点。这样，你就会在一定程度上了解 2017 年大家熟悉的知识点，例如物联网、机器学习，当然还有照片墙和色拉布这两款照片共享应用。

最后，我想让你知道，正是我在硅谷生活的那段经历，让我意识到苹果公司联合创始人史蒂夫·乔布斯的人生哲学与科技的核心是多么契合。显然，他的生活方式和对知识的追求与作者在本书中所体现出来的态度并没有什么不同，正如乔布斯在那次著名的毕业演讲中说到的：

要再次说明的是，你在展望未来的时候是无法把这些点连

---

① 一款个人博客系统，用户可以利用它来开设属于自己的网站和博客。——译者注

接起来的；你只有在回顾过去的时候才能把它们连起来。因此你必须相信这些点在未来一定会以某种方式串联在一起。你必须相信一些东西：你的勇气、命运、生活、因缘等。这个过程从来没有让我失望过，事实上它让我的生命变得更加不同。

——史蒂夫·乔布斯

2005 年在斯坦福大学毕业典礼上的演讲节选

看看远处的地平线。我希望你能用贝叶斯思想来处理本特利和奥布莱恩为我们描绘的这些点。让我们共同期待未来吧。

在米德尔顿电影院

20 世纪 80 年代末，亚历山大（我们会自称亚历克斯[①]和迈克）在威斯康星州麦迪逊市的米德尔顿 20 世纪电影院工作。这是在 20 世纪 40 年代用波状钢建造而成的一座半圆拱形活动房屋，用了不到一周的时间就建好了。不管是什么时间、什么影片，也不管观众的座次和年龄是怎样的，票价一律是 99 美分。放映的电影都是 6 个月之前的，而且是几乎没有人还想再看的那种。电影院里有一个屏幕，上方是一台单声道的扬声器，地下室还有一具老鼠骨架，每次有新员工来，经理都会带他们去看。

亚历克斯在售票处和销售柜台工作，他的主要职责是从顾客那里收取一张一美元的钞票，然后把一美分和被汗浸湿的票根塞进顾客手里。接着，亚历克斯会走出售票处，来到大厅，向同一批或者

[①] 亚历克斯（Alex）为亚历山大（Alexander）的昵称和略称。——编者注

同一位顾客出售汽水、爆米花和水果糖。在夏天，他会从放映室下面的储藏室里拖出托罗牌的割草机，到外边去修剪砾石停车场后面的草地。这时经理会走出来，看着穿着白衬衫、打着领带的亚历克斯在一堆棕色的青草屑和飞溅的卵石之间挥汗如雨。

　　米德尔顿电影院始终没什么改变。经理向亚历克斯展示如何盘点存货，其实就是清点展示柜里那些积满灰尘的好时牌"好又多"盒装糖果，然后从昨天的总数中减去这个刚刚得到的数字，就得到了当天的销售量，通常也就是一两盒。亚历克斯的时薪是 3.6 美元，比当时的最低工资还要高出几美分。电影院的空调在 20 世纪 80 年代初就坏了，一直没有修好。一天晚上，经理说如果没有人来看 9 点 25 分的电影，那么亚历克斯就可以早点关门。遗憾的是，来了两个人，这两个人还买了爆米花。影片结束时，亚历克斯把当天总共 11 美元多一点儿的销售额收入装进一个可以上锁的帆布包里，然

后送到市区一家银行的外挂箱①里。

尽管只是出现在差不多 30 年前，这个场景在今天还是无法引起共鸣。在美国，大多数孩子都用电子设备看电影，而且全美只有大约 10% 的交易会用到现金。亚历克斯的工作经历（比如用拼接设备修复胶片，或者当顾客打来电话时告知他们电影的放映时间）在当今的个人简历中是不会有什么意义的。

提到电影，我们就会想到评分，后者在过去也曾风靡一时，不过和我们现在的情况完全不同。如今，不管是酒店、餐馆、道路，还是相亲服务，甚至是按摩院，只要是你能想到的东西，你都可以找到它们的评分。与米德尔顿电影院里什么电影都看的顾客相比，现在的顾客简直挑剔得令人难以置信。我想起最近有位顾客在猫途鹰上给一家汽车旅馆打出一星的差评，还附了 6 张梳妆台抽屉漆皮脱落的照片。这让人不禁想问："39 美元的价格，你还计较什么呢？"不妨将这位顾客与 1990 年 8 月在米德尔顿电影院外燥热的人行道上的两位顾客做一个比较，当时影院经理正试图说服他们不要看电影，因为他刚把 50 张一美元的钞票封装好，而对方只有一张 20 美元的钞票。经理先告诉这对情侣，电影在 10 分钟前就开始放映了，而且影片开头是很关键的。当这对情侣说他们并不介意，执意要买两张票时，经理又说"里面太热了，需要查看一下"，并让

---

① 这是一种夜间存款系统，有些营业时间比较长的商家担心把现金放在店里过夜不安全，就会用这种方式把现金存入银行，也就是把钱和账户信息都放在袋子里丢进外挂箱，第二天由银行工作人员进行人工操作。

他们稍等。10 分钟后，他拿着一个温湿度计回来了，说："里面太热了，足有 85 度①，湿度超过了 90%！"最终那位男顾客说："真是见鬼！"然后就领着他的女朋友离开了（不一会儿又来了一位顾客，用一美元付了账之后，径直走了进去）。

我们都认为自己知道为什么这个发生在 20 世纪 80 年代的场景看起来是那么久远。从 20 世纪 90 年代的电子邮件，到 21 世纪的 iPhone 和脸书，再到瞬息万变的社交媒体，快速的变化已经成为我们意料之中的事情，而且这种变化不仅体现在代际差异上，还体现在代内差异上。一些人希望亲眼见证大脑直接与互联网相连的时代。如果这一切成为现实，那么人类势必会变得大不一样。但是这本书并不是要讲大脑植入芯片后会是什么样子或者超人类主义的。事实上，这本书根本不研究人的个体，而是研究人的文化的。更确切地说，它讲的是在过去几个世纪里你的文化血统当中的那几十代或几百代人，他们传承并造就了如今你习以为常的习惯和知识。这本书还讲述了文化传承的体系是怎样发生了根本性的变化，也就是说，在米德尔顿电影院里出现的场景是如何代表了一种无形但很难用三言两语讲清楚的文化进程。

理查德·道金斯在他 1976 年（早在他成为一位多产而古怪的推特用户之前）出版的《自私的基因》一书中，创造了"模因"一词，意思是一个想法、行为或风格从一个人传播到另一个人的过

---

① 美国使用的是华氏温度，85 ℉大致等于 30 ℃。——编者注

程。20 世纪 90 年代中期，哲学家丹尼尔·丹尼特提出了一种模因视角，就是把思想建模为病毒，它的生存依靠在人类宿主间的传播。按照道金斯的说法，模因的传播得益于其长久性、保真性和多产性。换句话说，成功的模因会被留存在记忆中，然后被准确而频繁地复制。互联网是模因的完美媒介，人们会时常谈论这些模因，特别是在涉及那些被复制和分享的在线文本、推文和图片等载体的时候。一张迈克尔·乔丹哭泣的照片流传甚广，今天的年轻人通过这个模因，或许比通过他的篮球生涯更能了解他。

这本书不是要探讨如何传播你的模因。如果你想知道这个，那不妨去读一读营销性的博客，比如 knowyourmeme.com。这本书讲的是文化的进化过程，坦率地说，文化进化的过程绝不仅仅是模因的传播过程。进化与三件事有关，而且只包含这三件事：变异、传播和选择。我们在这本书中讨论的所有内容都可以归结为进化过程的三个组成部分，而正是这个过程把人类塑造成了像今天这样脑容量大的无毛类人猿。这是人类进化过程中与基因相关的部分，然而塑造了全人类的言行并会继续将其塑造下去的是与文化相关的部分。

从模因以及你个人的智能手机使用体验的角度来说，畅想新世界是很有趣的一件事，但这并不能给我们带来任何进展。我们需要你对事物进行更深入的思考。我们将利用许多不同的学科，其中包括人类学、考古学、经济学和进化生物学，甚至还会稍微涉及一点儿物理学。最重要的是，我们需要你站在自己可能并不习惯的角度——一个许多人、许多代人共享和调整不同文化单元的视角——

进行思考。

人类经过进化，已经能够学习文化知识，并将其传授给下一代，偶尔还会根据环境的变化进行一些小的调整。蕴含在文化中的知识告诉人们该如何应对环境的挑战，如何养活自己和所在的族群，以及如何有效地将这些知识以文化实践的形式保存起来，从而使其具有可学习性和可传承性。人类之所以会成为"文化动物"，不仅仅是因为具有像脑容量大和寿命长这样的个体特征，还因为具有像亲属关系网和知识专业化这样的群体层面的特征。

然而，这些特征往往与今天用来界定人类的特征形成了鲜明的对比。继承父母职业的人越来越少；技术变革的速度如此之快，以至于前几代人掌握的知识都被认为是无关紧要的；我们不再向群体中最聪明的人学习；全新的网络世界里到处都是冒牌"专家"，这之中有人类，也有非人类。我们该如何筹划这个世界的未来呢？如果学习的途径与过去几十万年相比完全不同，那么知识将如何积累呢？知识又该如何分类呢？这本书将通过调查一些正在对我们的学习方式进行重新设定的关键技术，来探讨它们对文化进化前景的影响。

我们的核心前提是，近几十年来，文化传播的形态已经发生了巨大的变化，从"窄而深"发展为"浅而广"。所谓"窄而深"（我们可以称之为"传统"）是对知识进行局部学习的形态，这些知识是我们从祖先那里继承而来的，历经许多代人的传承，更新速度很慢。经过几代人缓慢的文化适应过程，这些传统知识已经很好地适应了局部环境。"浅而广"（形状就像"地平线"）描述的是被广泛分享，甚至有可能造成国际影响的新知识，或者只是单纯的信息。在这个地平线体系中，知识创造的速度已经快到与祖先的知识几乎没什么关联的程度。

从"窄而深"到"浅而广"的这种说法构成了这本书的基础，并将其分为两个部分。前 5 章的内容是文化进化的传统。第 6 章是过渡章节，我们会看到某些长期的传统（比如婚姻和饮食）是如何通过浅而广的地平线体系迅速改变的。而在接下来的几章中，我们将从网络科学、市场预测和数字信息的爆炸继续对浅而广的文化形态进行讨论。最后，在第 10 章中，我们将探讨人工智能是否有可能通过学习在以数字形式存储的信息所形成的巨大虚拟空间中按照时间对概念进行整合，从而解决知识过载的问题。尽管我们并不打算刻意地夸大这个问题的"独创性"，但在人类文明几十万年的发展中，这可能是第一次有人提出这个问题。

借此机会，我们要感谢麻省理工学院出版社的执行编辑鲍勃·普赖尔对这个项目一直以来的支持。我们还要感谢前田约翰，作为由麻省理工学院出版社出版的《简单法则：设计、技术、商务和生活的完美融合》系列丛书的编辑，他欣然将我们的书纳入他的丛书当中。这是我们与鲍勃和约翰合作出版的第二本书，另一本是 2011 年的《窃言盗行：模仿的科学与艺术》。最后，我们要感谢格洛丽亚·奥布莱恩和麻省理工学院出版社的黛博拉·康托尔－亚当斯，她们为本书的编辑工作提供了极好的建议。

TRADITIONAL
MINDS

———————

1
传统思想

米德尔顿电影院的看门人叫萨姆，他30多岁，开着一辆火鸟牌汽车，无论天气如何，他的车窗都是开着的。因此，他那头黑色的长发总是像羽毛似的。萨姆会在下午酒吧开门之前来上班，他穿着白色裤子、丝绸衬衫，还戴着太阳镜，他走进电影院，没一会儿又不动声色地出现。在这段时间里，他一边寻找观众遗失的钱包和零钱，一边把爆米花桶扔出来。当萨姆做完这一切时，他会在工作时间记录单上给自己填上大约5个小时的工作时间。那是因为萨姆大部分时间都在和同事（也就是亚历克斯和经理）聊各种各样的事情，包括他非常感兴趣的"都灵裹尸布"。虽然学不到什么知识，但能获得很多乐趣。

不管是通过讲故事、唱歌，还是发短信的形式，人们总是喜欢在工作中互相聊天。传统上，人类被视为一个独特的物种，因为我们脑容量大，双足行走，且高度社会化。人类不仅是一个原本就可以展现出社会性的智能物种，还是一个在进化中变得社会化的物种。神经科学正在努力证实大脑基本的社会功能：功能性磁共振成像扫描图显示，社会排斥、丧亲之痛和遭受不公平待遇能够刺激大脑中的疼痛网络；相反，拥有良好的声誉、被公平对待、与人合作、向慈善机构捐款，哪怕是幸灾乐祸（从他人的不幸中获得快乐），都能刺激大脑中的奖励网络。

脑容量巨大的人脑经过进化展现了社会性，但这是为什么呢？脑容量增大所要付出的进化代价是相当大的。例如，根据20世纪一种被称为分娩困境的理论，巨大的颅骨会使母亲分娩的风险增大，这也是每年几十万妇女死于妊娠或分娩相关病症的部分原因。从进化的角度来说，高风险必然可以换来一些相对较大的好处。可以说，最能平衡这些代价的好处就是社会合作了，因为群体通过内部合作能使个体生存得更好。在缺少这种合作的情况下，由于医疗条件不足及（或）贫穷，孕产妇的死亡率会更高。在史前时期，人类与其他灵长目动物的区别就在于分娩所处的社会环境，尤其是助产术的出现。像大出血这种造成许多孕产妇死亡的因素正是通过"民间"医学化解的。从阿兹特克帝国到古埃及王国，临盆的女神们都被描绘得身强力壮，在其他女性的帮助下进行竖式分娩。

150万年前，在我们的祖先中最早出现的合作形式很可能就与狩猎和分享肉类有关。莱斯利·艾洛和彼得·惠勒认为，饮食中肉类的增加对于人脑的进化至关重要。因为这样人类可以更容易获得热量，从而进化出更大的脑容量和更小的内脏。而理查德·兰厄姆注意到，人类的早期祖先一学会控制火，就能够烹饪食物了，这为内脏变小提供了机会，因为煮熟的淀粉更容易被消化。

社会化还意味着要与人竞争，这就需要用到脑力了。根据人类学家罗宾·邓巴的说法，灵长目动物把大量时间都"浪费"在相互梳毛上，因为密切的交流有助于它们获得有关潜在伴侣的"八卦"，从而帮助它们把这些社会化的基因传给下一代。群体越大，这个过程对于认知能力的要求就越高，而且邓巴认为人类的语言取代了梳毛的行为。20 世纪 90 年代初期，艾洛和邓巴进行了一项著名的研究，他们将灵长目动物平均的群体规模与大脑尺寸（严格地说就是大脑新皮层的面积）进行比较，发现二者明显相关。尽管这种相关性在猴子和类人猿中的表现略有不同，但在这两种动物中，都是大脑新皮层的面积越大，典型的社会群体规模就越大。在那个时候，艾洛和邓巴的目的是推断出这条曲线，利用从古人类化石中测量到的大脑体积，对人类祖先（比如能人和直立人）典型的群体规模进行估算。

现代人的脑容量脑大约为 1 400 立方厘米，邓巴就是根据这个数字得出一个人将拥有的实际（指有意义的）社会关系数量通常不会超过 150 这一结论的。事实证明，邓巴的数字是极具预见性的，2015 年一项针对美国青少年的研究显示，一个典型的脸书用户大约有 145 位好友，一个典型的照片墙用户约有 150 位粉丝。我们不妨花点儿时间好好想一想：20 世纪 90 年代初，在大多数人还没有听说互联网的时候，一位人类学家将不同类人猿的大脑尺寸与在野外观察到的这些物种的典型的群体规模进行了比较，然后又推断出这种关联与人类大脑的大小也有一定的关系。而在 25 年后，这个推断竟然预测出了美国青少年中照片墙粉丝的典型数量。这真是太神奇了。

社会学习已经成为来自心理学、人类学和经济学等多个领域的行为科学家的研究重点。经济学家塞缪尔·鲍尔斯曾写道：我们这个物种的成功有赖于正确的社会技能和构建人际关系网络的技能，即知道该模仿谁、模仿什么以及什么时候模仿。尽管早期对于从众现象的研究主要集中在成人身上，不过最近的心理学实验表明从众现象也发生在儿童甚至婴儿当中，他们会模仿那些正在被其他人观看和学习的成年人。而其他类型的学习则多偏向自然范畴，比如对植物的反应。虽然婴儿几乎会把所有的塑料玩具都放进嘴里，但在拿到植物的时候，他们会犹豫，会先通过观察，从成年人那里获取有关这种植物是否可以食用或者是否有毒的线索，然后再采取相应的行动。

人类多种文化中都有抚养后代的义务，这个事实使人类学家莎拉·赫尔迪相信，我们之所以会成为人类，是因为分享与合作，而不是竞争。几年前，亚历克斯和他的家人来到加利福尼亚州圣贝纳迪诺的一家家庭式的墨西哥卷饼店，点餐之后，柜台后面的女人问道："我们能抱抱你们的孩子吗？"亚历克斯和他的妻子没有太多犹豫，把孩子递了过去，那个女人抱了几分钟，这时又有其他几位工作人员走过来，之后她把孩子和卷饼一起给了亚历克斯夫妇。

这个简单的场景是不可能在任何其他灵长目动物身上重现的，

因为其他所有灵长目动物的母亲都会拼死阻止你把它们的幼崽带走。赫尔迪曾写道：野生猿类的母亲不会让别人抱它的孩子，而且除了人类以外，只有狨猴和柽柳猴会与其他个体共同承担护理幼崽的任务。不过，在猕猴、松鼠猴、狐獴和灌丛鸦的群体中还可以看到以其他方式协助抚养幼崽的行为，这大大提高了幼崽的存活率及以后的繁殖率。赫尔迪和其他科学家指出，在所有会对人类抚育后代的行为带来影响的社会结构（如家庭结构、财产继承和宗教信仰等等）出现之前，人类的独特之处体现在对食物的分享、女性绝经后较长的寿命（这样外祖母可以帮助自己的女儿抚养孩子），以及婴儿可以对多个看护者产生情感依赖的事实上。这一切都需要一个社会化的大脑，以及情感、同情心和心理理论。用赫尔迪的话说，人类已经进化成了有合作精神的繁育者，这就意味着家庭女性与外界隔绝并不是一种有益的状态。

分享食物（比如从地里挖出的块茎或者打猎带回来的肉）的行为很可能与我们人类甚至人属一样古老。"companion"（同伴）这个词出自拉丁语，意思是"和别人一起吃饭的人"。例如，为了巩固家人之间的关系，津巴布韦的班图人会相互交换食物，形成所谓的"一起喝粥的同族关系"。在世界各地的家宴上，生气的小孩儿经常会被别人搭话，还会得到更多食物，尤其是甜点。

所以，会有这么多人在自己的电子设备上与他人进行分享也就不足为奇了。21 世纪初，走在前沿的人类学家希瑟·霍斯特和丹尼尔·米勒就对牙买加的手机使用情况进行了记录。他们采用了监听、观察和采访的研究形式，还收集了调查对象的手机上联系人的信息。当时的手机主要还是用来给朋友和家人打电话或发短信的。霍斯特和米勒发现，对于生活相对安逸的女性来说，家人和亲戚是最重要的，而且手机里保存的电话号码通常不会超过 30 个。霍斯特和米勒还发现，家用电话非常有助于维持长期、深厚而且持久的关系，但不太适合在一段时间内与熟人保持联系，比如，一位女士有一段时间没有给男朋友打电话了，她说："他打来电话问我，是不是有钱之后就变了，还问现在他是不是不配做我的朋友了。"

创新者与模仿者

计算机模拟技术使科学家能够同时对多个交互过程和大量的行为主体进行研究。早在 2010 年，圣安德鲁斯大学的凯文·拉兰德就和他的同事们举办了一场计算机算法锦标赛，而办赛初衷则来源于罗伯特·阿克塞尔罗德在 1984 年的那场著名的反复将不同的囚徒困境算法进行对抗的计算机竞赛。拉兰德举办"社会学习策略锦标赛"的目的是帮助社会大环境下的行为主体找到最成功的默认策略。竞赛作品由软件代码组成，这种代码将会对某个主体在多轮比赛中与其他主体的交互过程进行控制。锦标赛的发起者希望优胜者能提出一种更好的社会学习策略，以解决该模仿谁以及什么时候模仿的问题。大家都认为单纯的随机模仿是不太可能获胜的，因为信息有可能是错误或者过时的。

从参赛作品可以看出，许多生物学家、人类学家、心理学家、经济学家和数学家都对这个主题很感兴趣。优胜者是两位来自加拿大的研究生丹·考登（神经系统科学家）和蒂姆·利利克拉普（数学家），这让优胜者和负责监督此次锦标赛的专家小组都颇感意外，因为他们俩都不是社会学习领域的专家。他们的参赛作品叫作"淘汰机"，其基本指令就是模仿（而且是多次模仿），模仿对象更偏向于不久前成功的策略，这样可以"淘汰"旧的信息。这不是完全的随机模仿，但已经与其很接近了，即模仿任何一种成功，只要它是不久前的成功。

类似的比赛还揭示了某种成功的社会学习策略与在群体中发挥作用的其他策略的依赖的关系。迈克和他的同事亚历克斯·梅索迪设计了一个实验，要求参与者玩一款电脑游戏，玩法是"制造"用于猎杀野牛的石质抛掷箭头。参与者可以改变石质箭头的外观（比如长度和宽度），然后看看他们的箭头在野牛狩猎中表现如何（以考古学知识为依据）。每一轮游戏之后，猎人都可以看到自己的分数（用热量来体现）与其他猎人分数间的差距，还可以看到其他人所使用的不同设计的箭头。每位猎人都可以创造新的形状，或者效仿那些狩猎成功的人。结果，在每轮游戏当中，具有社会性的学习者都比那些拒绝模仿成功者的人得分更高。

不过这确实有点儿让人费解，因为人们总是倾向于团队合作，而如果每个人都一直在模仿别人（意味着没有创新），那么这个群体就会有灭绝的危险。迈克和亚历克斯还算出了在抛掷箭头制造者构成的整个群体中，选择模仿的人和选择创造的人之间的比例。然后他们将群体的成功与这个比例间的函数关系绘制成图表，发现少数"创新者"和多数模仿他们的"小偷"似乎构成了一个新信息的最佳组合。我们希望一段时间之后，或者在一个治理有方的社区中，能出现由一部分创新者和大多数独具慧眼的模仿者所构成的优良组合。

但什么是"优良组合"呢？事实上，许多研究已经表明，理想的创新者的比例大约是 5%。例如，马克斯·普朗克研究所的伊恩·库赞和他的同事们发现，在鸟群中，只需要一小部分的创新者就可以让整个群体朝着一个方向飞去，因为大多数鸟儿都是在跟随邻近的同类飞行。在这些少数的创新者当中，独立的思维和准确的信息至关重要，因为虚假的警报会通过错误的信息而在群体中被传播和放大。库赞和他的同事证明了愚昧无知或者举棋不定的多数人会如何将舆论的决定权拱手让给虽然数量不多但坚决果断的少数人。不管是当少数人变得更加坚定时，还是当多数人表现得更加无知和（或）矛盾时，决定权都会从由矛盾的多数人迅速转移到坚决的少数人手中。

当环境没有发生太大变化，特别是当创造新想法的成本高昂或风险较大的时候，模仿者就会急剧增多，但如果模仿者与创新者的数量过于悬殊，那留给你的只有一个嘈杂的回音室。梅索迪指出，当模仿者过多的时候，他们相互模仿的次数就会增加，这样回音室里的信息质量就会下降。我们可以认为互联网的作用就是让信

息的创新者的数量达到全世界的 5%，而不是某个群体的 5%。对
新奇事物和个人主义的痴迷不仅是一种劣势，还很 WEIRD（意为
"奇怪"）。"WEIRD" 是乔·亨里奇和他的同事们创造的一种说法，
由 "Western（西方）、educated（有教养的）、industrialized（工业化
的）、rich（富裕）和 democratic（民主）"的首字母组成。梅索迪
和他的同事们在中国某个省会城市的一个非 WEIRD 社区做了抛掷
箭头的实验，他们发现这里的居民比英国国民、英国的中国移民或
中国香港的居民更倾向于模仿。结果显示，无论是在团体赛还是个
人赛中，中国人设计的抛掷箭头得分都更高。西方人则倾向于坚持
个体学习，所以他们的分数受到了影响。这种个人主义在文化上的
差异可能需要几个世纪才能形成。例如，一项由芝加哥大学的托马
斯·托尔赫姆领导的心理学研究显示，与中国北方以种植小麦为生
的人口相比，中国南方的水稻耕种历史为某种凝聚力和整体性更强
的文化奠定了基础。

文化智商

　　进化人类学家认为，因为我们于从过去几代人那里继承了在这
个世界立足的行动指南，所以我们是被包裹在文化里的，或者说沉
迷于文化当中。在这种文化智商的假设之下，文化累积的方式除了
个体学习和解决问题之外，还包含一些不寻常的技能。人类进化的
目的并不是独立解决问题，甚至也不是通过合作快速解决问题，而

是让一代又一代的人共同积累知识，并将这些知识应用于与前几代人的生活环境（大致）相同的情景中。不过，环境既包含文化层面，又包含物理层面，而且纵观全书，我们会发现人类现在所处的文化环境与其祖先（哪怕是时期较近的祖先）相比已经截然不同。文化的快速变化正在对人类的进化过程产生巨大的影响。

具有讽刺意味的是，无论文化以怎样的速度变化，它都为人类的生存提供了基础。这是没办法的事情。到目前为止我们的状态就是：如果没有文化（确切地说，是高水平的合作和学习能力），人类将不复存在。我们不妨想一想狩猎采集者，他们过着小规模的群居生活，流动性很强，同时在一片广阔的区域内开发野生资源。尽管黑猩猩和狩猎采集者都会分享像肉这样的食物，但只有人类会将非食物类物品作为礼物来交换，以维持群体间的社会关系。因为种群的人口密度低，所以这种交换是有好处的。在卡拉哈里沙漠，当某个朱·霍安西人部落的水塘由于旱灾而干涸时，他们可以从交换礼物的伙伴的水塘中取水。直到20世纪中叶，在巴拉圭东部过着狩猎采集生活的阿契族人还在一边用弓箭猎杀哺乳动物，一边寻觅植物性食物。一个地区性的阿契族部落群差不多有500人，他们分布在约20个居住点，彼此之间至少相隔10公里。

生活在坦桑尼亚东部的哈扎族人仍然用弓、斧和挖掘棒来狩猎和采集。他们目前大约有1 000人，分布在约50个定居点，这些定居点间的距离有的不到1公里，有的竟达到80公里。人类学家基姆·希尔和他的同事们发现，一个普通的阿契族或者哈扎族男人一生中会与约 300 到 400 个不同的男人接触。如果将异性成年人和儿童考虑在内，那这个数字将增加大约两倍，这样，互动的次数就远远高于黑猩猩（只有 20 次），同时也远远超过了邓巴得出的 150 这个数字。不过别忘了，邓巴提到的是有意义的关系，而不是那种一次性的关系。

我们在哈扎族人身上也印证了这一点。一个由科伦·阿皮塞拉领导的团队选择了来自 17 个不同定居点的 200 多名男女，询问他们会把蜂蜜礼物送给谁，结果发现，平均每个人送出 6 份礼物。尽管这个关系网表面上乱糟糟的，看起来就好像每个人都在和其他所有人互相联系，但实际上并非如此。虽然每个人都认识其他所有人，但真正有意义的人际关系所涉及的人要少得多。

现在我们不妨把这项调查与邓巴和他的学生拉塞尔·希尔在社交媒体出现前进行的圣诞贺卡研究做个比较，后者是在英格兰完成的，研究者发现平均每个研究对象寄送的贺卡数量接近 150（即邓巴数字）。希尔和邓巴还发现，随着朋友间接触频率的降低，双方自评的情感亲密度也会降低，这并不奇怪。所以尽管我们可能会说"亲近你的朋友，但更要亲近你的敌人"，然而在现实中，我们最想亲近的是自己最好的朋友。

但我们知道这些人是谁吗？我们能准确识别出自己的"亲密朋友"吗？希尔和邓巴的研究虽然很有趣，但它是以某个人对自己与其他人的亲密度的自评为基础的。换句话说，就是你先确定自己的亲密朋友，然后再根据亲密程度对他们进行排名。然而，麻省

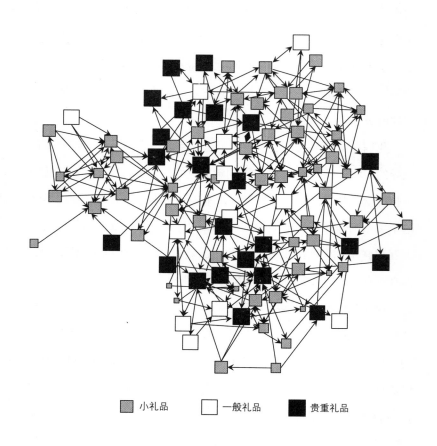

小礼品   一般礼品   贵重礼品

理工学院媒体实验室的阿莱克斯·彭特兰和他的团队最近进行的一项研究显示，人们并不是特别擅长判断自己是否处于不对称的友谊当中。就像英格兰国王理查二世和他的堂弟亨利四世（亨利四世于1399 年下令监禁了他）一样，他们两个人对这份友谊的评价显然是不同的。这种缺乏互惠的情况可能会导致情感上的伤害，也就是你忽然发现你对一个人的亲近程度超过了那个人对你的亲近程度；不过更重要的一点是，这会限制一个人参与互惠合作的能力。而为了解决这个问题，我们有了名字。

名字和称谓中包含的信息

尽管名字的重要性在今天的西方世界中或许已经减弱了，但传统上它一直在社会中扮演着重要的角色，而且直到今天在世界上的许多地方仍然如此。名字可以让我们了解自己经遗传获得的生物学关系和社会关系，这对于一个通过亲属体系构建起来的社会性物种至关重要，亲属体系不仅控制着婚姻，还控制着像结盟、食物分享、财富继承，以及人们从事的专业工作这样有助于整个群体成功的事情。在人烟稀少的地方，与亲属的交流对于生存至关重要，所以知道该如何与那些只是与你偶尔联系的人进行社交互动是很关键的。而这些都要从名字和称呼别人的方式开始说起。

狩猎采集社会的规模虽然往往比较小，但他们的亲属关系命名系统却非常复杂，而且信息量很大。20 世纪 50 年代初，哈佛大学皮博迪博物馆的洛娜·马歇尔前往非洲西南部的卡拉哈里沙漠研究昆族布须曼人（即现在的朱·霍安西人）。在 14 个月的时间里，马歇尔对一个由大约 600 人组成的亲属关系网络进行了记录。尽管这些昆族布须曼人并不知道自己的亲属体系为什么会发展成这样，但他们有非常强烈的文化传播意识。他们会说："上帝创造了人，并告诉他们用什么来称呼彼此。从那时起，父母就开始教他们的孩子应该使用的称呼。"于是马歇尔又问他们会用怎样的亲属称谓来称呼彼此，结果她发现，用于父母、子女和兄弟姐妹的称谓是很简单的，但涉及祖父母或孙子孙女的时候就不那么简单了，因为可能会用到以下两种称谓中的一种：一种表示生物学上的亲缘关系，而另一种则是为了对同名的个体进行分类。

亲属称谓既错综复杂又讲求准确。从称谓使用的角度上讲，即使两个人的名字由于婚姻发生了改变，他们之间也不会同时存在一种以上的相互关系。名字传递着与生理年龄相对应的信息，这一点并不奇怪，因为我们使用的像"母亲"和"女儿"这样的称谓也起到了相同的作用。有 5 种用于父母与子女间的称谓，而且这些称谓从未被修改，也没有其他用途，还有 3 种用于哥哥、姐姐、弟弟、妹妹之间的称谓，虽然这些称谓也从未被修改，但偶尔有其他用途。除此之外，还有两代人之间使用的称谓，一组用于男性，还有一组用于女性。

听起来是不是有些混乱？事实上，每个人都有自己祖传的需要学习的姓名列表，而且这个列表通常都是从父母那里学到的。尽管昆族人并不知道这个列表究竟是怎么来的，但他们的父母都确切地知道应该教给每个孩子怎样的一串名字。不过个体并不需要记忆很久以前的东西，因为许多昆族人并不知道他们曾祖父母的名字。这个例子体现了文化遗产应该发挥的作用，那就是让文化保持简单而

不失优雅。说到文化的简单与优雅，我们不妨翻到下一页，看看在
另一个时代（11 世纪）的另一片大陆（欧洲）上的文化遗产是什
么样子的。

CHANGE IS
NOT NORMAN

2
非诺曼式的改变

在经典喜剧电影《巨蟒与圣杯》中，亚瑟王和他的随从在田野里遇到了两个满身泥巴的农民，后者正在徒手将一堆烂泥移动到另一个地方。亚瑟王说他之所以成为国王，是因为湖中女神"从水中举起了神剑"。一位名叫丹尼斯的农民则质疑这能否让一个政权合法化，他们的对话是这样的：

丹尼斯：听着，躺在池塘里的奇怪女人分发宝剑并不是政府制度的基础，最高权力的执行者是被人民群众选出来的，而不是通过什么滑稽可笑的水中仪式。

亚瑟王：安静点儿！

丹尼斯：你不能只是因为有个湿漉漉的骚货朝你扔了把剑，就想要成为最高权力的执行者！

亚瑟王：闭嘴！

丹尼斯：我的意思是，如果我到处说我是皇帝，而且只是因为某个浑身湿透的娘们儿朝我扔了把弯刀，他们会把我关起来的！

亚瑟王：闭嘴！你能闭嘴吗？！

这个笑话的笑点就在于这个堆泥巴的农民出人意料的认知水平，但为什么出人意料呢？因为乍看起来，英国的"农民"似乎积累了丰富的文化知识。历史学家彼得·阿克罗伊德认为，在1066年后占领不列颠的诺曼人，借鉴了盎格鲁-撒克逊人传统的知识和土地占有制。尽管诺曼人引进了法语词汇，并在不列颠各地建造石头城堡（其中包括伦敦塔、威尔士的切普斯托城堡、达勒姆大教堂和其他很多目前依旧伫立的城堡），但根据阿克罗伊德的说法，诺曼人的法律秩序是从盎格鲁-撒克逊酋邦中已有的以血缘关系为基础的土地占有制借鉴而来的。事实上，征服者威廉正是利用这一制度，命令他的手下在1086年的《末日审判书》中详细记载他新占有的土地。威廉派人遍访英格兰全境，调查每个郡的耕地面积、牲畜和奴隶的数量，以及它们的总价值。汉普斯特德是现在伦敦最富有的行政区之一，也是瑞奇·热维斯和海伦娜·伯翰·卡特等名人的故乡，然而在1086年，这个地方只值2.5英镑（一位村民、5位小佃农、一个奴隶、3块耕地和林地中的100头猪）。《末日审判书》中提到了超过1.3万个地方，其中大部分都在乡下，而且阿克罗伊德坚持认为，这些记录过于详细，不可能是由威廉的那些只会说法文的手下独立完成的。

诺曼人清楚地认识到，土著知识对于殖民者的生存至关重要。

况且，何必要白费力气去做重复的工作呢？盎格鲁人和撒克逊人从几个世纪前就将不列颠变成了殖民地，并引进基督教，击退北欧海盗，还继承了之前铁器时代部落的一些传统。在最顶尖的精英阶层中，盎格鲁-撒克逊族的女人和男人都可以继承财富，因此在物质财富和精神财富方面都出现了强大且相互关联的势力网。在英格兰南部就有这样一个例子：968 年，汉普郡郡长埃尔夫海赫把他从埃德蒙国王那里得到的巴特库姆这个地方赠予了既是他妻子又是埃德蒙国王亲戚的埃尔夫斯维思，后者又把它交给了他们的儿子埃尔夫沃德，而埃尔夫沃德后来把这个地方送给了格拉斯顿伯里大修道院，为的是让他们自己及祖先的灵魂安息。埃尔夫海赫还把大片的私有土地分给了他的兄弟和侄子，还有埃德加国王的妻子和她的孩子，以及本笃会修道院。

看明白了吗？这里的重点是，埃尔夫海赫是在为自己与两代人之间的亲属关系增加价值。亲属关系是一种可以对文化进化实行严密控制的方式。你一定注意到在埃尔夫海赫的家族中，可选择的名字非常有限。如果他今天要通过电话为埃尔夫斯维思、埃尔夫沃德和他自己预定一个房间，对方大概会以为只有一位客人入住，其他两个名字都是昵称而已，那么紧接着就会上演一段滑稽又离奇的对话。在中世纪的欧洲，错综复杂的家谱表明精英家族都起源于一位通常只存在于神话中的男性始祖。这样的局面就像一个复杂的结，与盎格鲁-撒克逊族人相比，诺曼人数量较少，对他们来说，他们宁可选择适应这种情况，也不会直接取而代之。

对于传统社会中的个体来说，永恒的似乎不仅有亲属关系，还有材料技术。如果我们回到大约 8 000 年前新石器时代的安纳托利亚（现土耳其），也许会去参观欧洲最早的农村之一——加泰土丘。这里的人们生活在一座座挤在一起的泥砖建筑中，他们差不多每 100 年重建一次房屋，实际上就是在旧的屋顶上盖新的，并且每年用灰泥重新抹墙的次数多达 10 次。家族的祖先被埋在房屋地面以下，而且每代人对于生活空间的安排几乎都是相同的。

1 000 年后，分布范围达到数千平方英里 ① 的新石器时代农民一路从匈牙利来到法国。他们的物质文化与过去相当一致，所以直接被称为线纹陶文化，意思就是上面有线条的陶器。在北方茂密的森林里，这些早期的农民在大木柱上建造抹灰篱笆长屋，这种房屋通常分为三个部分，墙外还有垃圾坑。他们清理田地，开始种植小麦、小扁豆和豌豆，为家猪、绵羊和山羊建造围栏，还把牛赶到夏季牧场去。在墓地里，每个人的下葬方式通常都很相似，都是向左侧蜷缩，头朝东，以至于那些向右蜷缩的骨架格外显眼。

当视频、社交媒体上的最新消息和新资讯让我们应接不暇时，我们可能要问："在新石器时代，我怎么可能不发疯呢？"不妨想象一下在加泰土丘第 180 次重新为房子抹墙的夫妻之间会有怎样的对话，他们或许会交流一下对于小扁豆和牛的看法。对于一个戴着 Fitbit② 智能手环，并且沉迷于《我的世界》的人来说，新石器时代

---

① 1 平方英里 ≈ 2.590 平方千米。——编者注
② 美国一家致力于研发和推广健康乐活产品的公司。——译者注

的生活一定平淡得超乎想象，不过对于一个新石器时代的人来说，TMZ.com① 上的明星八卦有可能看起来同样愚蠢。

即使是对经过培训、学会欣赏其他文化的人类学家而言，一个以亲属关系为基础的自给自足的社会有时也会让人受不了。在 20 世纪 30 年代，英国人类学家埃文斯·普里查德在苏丹努尔族的牧民部落中宿营，他写道，"从清晨到深夜一直有人来看我，几乎每时每刻都有男人、女人或者男孩出现在我的帐篷里"，以至于这位疲惫不堪的人类学家已经到了"由于持续不断的打趣和干扰……而极度紧张"的程度。他当然明白这是为什么：所有努尔人最感兴趣的就是牛，因为它是财富、社会关系、宗教信仰和日常生活的代名词。普里查德提到，"不管我从什么话题开始聊起，我们都会很快谈到奶牛。"努尔人"对牛的喜爱和渴望对他们自身影响很大"，对于没有牛的人会表现得"极度轻蔑"，因此在这个话题上就有许多问题想要问他。牛与人类的祖先就这样一直相互纠缠了数千年。

在传统的生活当中，缺少可察觉的变化并不是一个问题。几千年来，从圆形房屋到方形房屋的转变实际上在新石器时代考古学中已经是一项重大发现了。对我们来说，这样的时间尺度可能很难理解：几千年过去了，但看起来几乎没有出现什么新事物。如今，尽管娱乐产业和技术领域都在不断发生变化，但正如约瑟夫·坎贝尔在《千面英雄》中所描述的那样，核心的主题并没有变。比如，经

---

① 美国一家娱乐新闻网站。——译者注

典故事《小红帽》至少已经有 2 000 年的历史了，而其他的故事则更加古老。

民间故事和农业生产只是体现被我们认为很"现代"其实历史已经相当悠久的两个例子上而已。不列颠保留了许多罗马人占领时期的特征，包括地名［以"chester"（切斯特）结尾的城镇名］、建造得像罗马别墅一样的房屋，以及直接铺设在罗马道路上的街道。公元 1 世纪，在英格兰北部的哈德良长城沿线，罗马士兵的家人们都居住在像文德兰达这样的堡垒中，在那里，某些保存良好的日常生活遗物很容易被当作现代物品。例如，在文德兰达博物馆里有一只女式凉鞋，鞋面和外底都是皮质的，有的地方用钉子固定，有的地方则采用缝合的方式，看上去既现代又时尚。而罗马统治时期的不列颠人玩的骰子和棋盘游戏则与包括西洋双陆棋在内的现代游戏相类似。在文德兰达有一块留存至今的石板，上面的字迹显示这是邀请一位女士"共同庆祝生日"的请柬，而另一块石板的内容则是索要更多的啤酒。

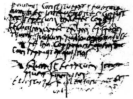

在其他地方，当代文化的古老程度则更加惊人。在巴基斯坦的哈拉帕，有着 4 500 年历史的赤陶手镯与如今在小镇集市上出售以及在整个南亚地区流行的手镯（其中一些仍然是用陶土制成的）很像。此外，来自古哈拉帕的轮制陶器（可追溯到约公元前 2300 年）与今天巴基斯坦当地人使用的陶器很相似。有着 4 000 年历史的首饰和陶器就这样流传至今。

重要的聚会

在所有的传统风俗中，食物与饮食大概是适应力最强的一种，其中就包括像我们喝的啤酒（几千年前起源于近东地区）和向客人提供的奶酪（历史可能长达 8 000 年的一种食物）这样的聚会用品。在新石器时代遗址发现的罐子中还保留着盛过的牛奶或牛奶相关产品的残留物，而在波兰和德国大约公元前 5000 年的遗址中，考古学家还发现了古代的奶酪过滤器。事实上，专业化的乳品加工技术有着很强的生命力（因为乳制品的营养非常全面），以至于某些人群因此进化出了对乳糖的耐受性。食用酸奶和奶酪的那几代人创造了一种生活方式，或者说一种文化属性，从而使得控制乳糖耐受性的基因变异（仅与一个碱基对有关）在后代中被选择和传播。这种优势提高了新石器时代欧洲人的生存率，而如今在北欧，具有乳糖耐受性的成年人的比例超过了 3/4。

除了语言和奶酪，另一种可以追溯到新石器时代的传统就是财富继承，而最古老的证据应该是对土地使用权的继承。似乎从新石器时代开始，在欧洲才出现了可继承的财产（土地和牲畜）。从法国到德国，再到奥地利和匈牙利，人们发现了数百具新石器时代的骨架，从牙釉质中锶同位素（反映一个人成长地的地质特征）的检测结果来看，那些将新石器时代独特的石锛作为陪葬品的先人使用了深受早期农民青睐的肥沃多产的风积土。而那些远离这种宝贵的土壤、不得不到更远的地方去寻找食物的人，几乎不会以石锛作为陪葬品。

世袭不平等的种子一旦被种下，就没有回头路了。在经历了后来的青铜器时代和铁器时代后，世袭不平等和奢华的程度只增不减。在法国勃艮第地区，有一个约公元前 500 年的凯尔特人墓葬，墓主人是一位女性，她的陪葬品包括一辆大型的木质双轮战车，以及一件华丽的重达一磅的 24K 金颈饰。然而宴会才是这个墓葬真正的主题。在遗骸中有一只巨大的青铜调酒碗，高 5 英尺 ①，宽 13 英尺，产自地中海地区，每个把手上都有一个模塑的蛇发女怪的头，整个碗由一头母狮支撑。此外还有一个伊特鲁里亚的青铜酒壶和一些进口的酒杯。

在德国西南部的霍赫多夫，人们在一个大致同时代的墓葬中也发现了这种宴会主题（饮用葡萄酒和蜂蜜酒）。这一次的墓主人是男性，我们不妨称他为"凯尔特王子"，他戴着金手镯，鞋子上有

---

① 1 英尺 ≈ 0.304 8 米。——编者注

很复杂的模压花纹，看起来就像精致的刺绣一样。他躺在一张差不多 10 英尺长的青铜长榻上，长榻上雕刻着马车行进和舞剑的画面，下方以一些镶嵌着珊瑚的女性小雕像作为支撑。王子的聚会用品包括 8 件用野牛角或者铁制成的饮酒用具、一只金碗和一个产自希腊的边缘环绕着 3 只铜狮子的青铜大锅。这个 3 英尺高的大锅装得下超过 130 加仑 ① 的蜂蜜酒。我们可以继续讨论壮观的斯堪的纳维亚船棺葬、北欧海盗等事物，但你或许已经看出这其中不可缺少的要素了：财富、酒精、奶酪和像参加"超级碗"派对一样的心态。

家族纷争

为什么葡萄酒和奶酪的派对从几千年前就出现了呢？其中一个原因可能与下面这个事实有关，那就是新石器时代的宴会在大多数情况下都具有竞争性，也就是说是由一个父系世系群（即一个血统通过父亲一方进行追溯的群体）安排，目的是吸引更多的追随者、羞辱敌对的世系群。这就是北美洲西北海岸著名的"夸富宴"的精髓所在。在那里，一个首领的权力越大，他在宴会上送出的三文鱼和烤猪就越多。从某一时刻起，声望就不再仅仅取决于个人的知识和成就，还取决于继承的财富和追随者的数量。

竞争还可能会导致另一个很难摆脱的传统：血仇。如果你喜欢

---

① 1 加仑 ≈ 3.785 4 升。——编者注

追某些迷你剧，或者某个与哈特菲尔德或者麦考伊 ① 相关的作品，可能会对暴力在一代又一代人之间的传承有所感触。在大多数情况下，忠于自己的亲属群体而背叛别的群体是一种根深蒂固的传统。血仇是指出于对前一次杀戮的报复而故意杀人，整个过程要依据与赔偿有关的具体规则以及在双方领导人都认为自己不失体面的情况下完成和解仪式。

在新石器时代的欧洲，随着人们开始在父系家庭体系中继承财富和控制土地，暴力循环也随之出现，并且很有可能出现在相互竞争的父系世系群之间。几处新石器时代的大屠杀遗址记录了大约 7 000 年前人们向敌对的村庄或部落发起的一些有针对性的袭击。在德国西南部的塔尔海姆遗址，有 30 多人被处死，其中许多人是在双手被绑着的情况下，头部一侧被石斧击打。这里几乎没有发现女性的遗骸，这表明她们只是被俘虏，而没有被杀。

在德国法兰克福附近有一个新石器时代的集体墓穴，这里的情况表明对牛和妇女的掠夺突然向着更加可怕的方向发展了。这个于 2006 年发现的墓穴中至少有 26 具尸体，其中包括 10 名幼儿。和这些尸体一起被埋葬的还有村子里的废弃物，如破碎的陶器和动物的骨头等等。同样，这里年轻女性的遗骸很少，表明她们只是被俘获，而没有被杀害。从骸骨上可以看出袭击对他们造成的致命伤害，包括嵌入骨骼的箭头和头盖骨上因斧头击打而留下的洞，不过

① 哈特菲尔德-麦考伊宿怨指的是 1863 年至 1891 年间，居住在西弗吉尼亚州和肯塔基州边界两个家族之间的冲突械斗。——译者注

更糟糕的是股骨（包括一半的胫骨）的骨折，这表明打断双腿是一种酷刑。正如这项研究的负责人克里斯蒂安·迈耶所说的那样，袭击者仿佛是要恐吓其他人，表明他们可以毁灭整个村庄。

我们可以认为这些袭击是一代又一代人屡次相互报复的结果。不管是从巴布亚新几内亚到斐济，还是在苏格兰高地以及亚马孙的亚诺马米人之间发生的小规模战争中，我们都看到了这种模式。欧洲历史上有这样一个例子，在奥斯曼帝国统治时期的阿尔巴尼亚，社会组织是以通过联姻结成的家族世系为基础的，有时也会遭到抵制，引发世仇。到 20 世纪初，大约 1/5 的阿尔巴尼亚人死于争斗。为了得到大家族的保护，世系成员都居住在财产共享的大家庭中，人数将近 100，通常由几个已婚的兄弟及他们的后代组成。

这种世代血仇生命力极强，它可以潜伏几十年，然后卷土重来。在 20 世纪的大部分时间里，阿尔巴尼亚内部的斗争遭到霍查政权的镇压，后者明令禁止私人财产和宗教领袖的存在。然而，在 20 世纪 90 年代霍查政权崩溃之后，传统上有权势的家族开始着手恢复自己的地位和土地。因此，在阿尔巴尼亚北部爆发了数百场纷争，数以万计的人卷入其中。虽然传统氏族的首领和天主教神父试图阻止暴力冲突，但家族地位还是再一次开始依赖保护自我和杀死他人的能力，地位较高的家族会为地位较低的家族提供保护。

在名字、财富或冲突等所有这些体现继承的例子中，相关的事件都会通过同代人和几代人之间的文化传播（想法、观念、信仰等传播的过程）进行整合。我们现在知道文化传播完全就是和基因传递（父母和子女之间遗传物质传递的过程）一样强大的进化过程。随着时间的流逝，由传播误差产生的变异会经历另外两种强大的进化过程——选择和漂变，从而创造出与前几代很不一样的新一代。然而，我们也看到了一些在很长时间内都没有变化的模式。为什么会有这样的差异呢？为什么有些信仰和想法就更能适应变化，而另一些信仰和想法则在几代人中反复出现和消失呢？让我们去下一章寻找答案吧。

CHECK THE TRANSMISSION

3

检验传播

在潮湿的夜晚，伴随着米德尔顿电影院大厅里的制冰机和角落里的那台旧的电子游戏机发出的声响，还有当月放映影片中主演低沉的嗓音，经理会给亚历克斯讲一些与他的生活有关的故事。他说在几十年前，他的一个前女友曾试图找人杀死他。某天晚上，他开着自己的克尔维特车回家，有两辆没有牌照的黑色凯迪拉克轿车一直跟着他，然后绕着他家所在的街区转了几圈之后才离开。几天后，报纸上说，在麦迪逊一家购物中心的停车场里，一名男子在一辆克尔维特车上被枪击。"他们找错人了，也再没来找我麻烦。"

不管是真是假，他就是这样说的。随着放映的电影的不同，经理还讲了许多类似的故事，而且在每一个故事里他都身处险境。比如有一次他拿着锤子与一屋子的电工对峙，因为他没有加入对方的工会。而在另一个故事中，他在搞砸了一次步兵演习之后，不得不面对一位愤怒的中士。有一天他还说，他所在的卫理公会的牧师突然告诉他再也不要来了。但经理从来没有告诉亚历克斯这是为什么。

这些故事百分之百是专属于经理的，而且只是被传播给了亚历克斯，或许还有其他几位员工。我们不会认为另一个人也有相同的故事。而传统的民间故事与经理的故事不同，它们往往在很长的一段时间内被传播了无数次，而且几乎没什么变化。我们将在第4章中看到，几千年来一代又一代父母给孩子们讲述的《小红帽》的故事就是这种情况。尽管故事有了一些变化（比如在亚洲版本中狼被换成了老虎），但变化得非常缓慢，大家仍然能看出这只是同一个故事的不同版本而已。同样，童话故事《白雪公主》尽管也有许多不同的版本，但还是很容易被辨认出来。比方说，在爱尔兰的版本中（被称为《拉萨尔·豪格》），告诉白雪公主的继母（也就是邪恶的王后）她不是爱尔兰有史以来最漂亮的女人，让王后大为光火的，是一条小鳟鱼，而不是镜子。

要区分传统故事和那种在电影院大厅里听到的故事，关键就在于传播的过程，因为在讲民间故事的时候必须非常准确，否则，错误和（或）修饰很快就会让故事变得面目全非。在世界各地的故事讲述者当中，有很多充分体现这种准确度的例子。在印度西北部的拉贾斯坦邦，半封建统治一直持续到20世纪中期，几个世纪以来，一批被称为"博帕尔"的讲述者一直在传诵着同样的史诗。经过这些拉贾斯坦邦吟游诗人一遍又一遍的讲述，这些故事得以经久不衰，达到了令人难以置信的程度。例如，公元前8世纪的长篇史诗《摩诃婆罗多》详细描述了俱卢之野大战，全文共有1 000节，是《圣经》长度的6倍多。另一部由博帕尔讲述的史诗被一位观察者记录了下来，全文竟长达 600 多页。这个故事或许是将很久以前种姓间的一场血仇写成了神话，讲的是一位牧民与一位女神的化身私奔，并引发了一场种姓战争，导致牧民和他的 22 个兄弟被杀，后来他的儿子为他们报了仇。尽管每次 8 个小时的讲述要连续进行一个月才能把其中一部史诗讲完，但准确度非常高，苏格兰历史学家威廉·达尔林普尔发现，他在 20 世纪末听到的版本与 30 年前剑桥大学的一位学者记录的版本只有几处措辞上的不同。

在传播过程中，保持这种长期的准确性需要很长的学徒期，而且这种准确性通常是世代相传的。如果父亲要把儿子培养成博帕尔，那么在孩子 4 岁前就会每天让他们背诵 10 行。这就是文化进化论者罗布·博伊德和皮特·理查森所说的引导变异，即文化要素通过世系传承，而世系则有效地充当了跨代的文化媒介。这些要素只有在可传播并能够被复制的情况下才能保存下来。教学是每一代人都会遇到的文化"瓶颈"，这也就是为什么语言本身会受到或者至少曾经受到其可学习性的影响。尽管人类天生就有非凡而独特的语言学习能力（一个孩子在满两岁的时候能学会几百个单词，而这差不多和一只受过特殊教育的黑猩猩一辈子能学会的单词一样多），但几代人不断重复的学习过程会使语言本身的易学性和组合性更强。

要实现这一目标，一种方法就是让语言变得具有组合性（我们以后会谈到，这种方法也与人工智能有关），或者说让语言由可互换的组分构成。尼加拉瓜手语起源于 20 世纪 70 年代末在尼加拉瓜进行的第一个特殊教育项目，而如今有将近 1 000 名听障者在使用这种手语。发明尼加拉瓜手语的人正是第一批使用者，他们是一些懂西班牙语的成年人，会通过手势表达全部意思。在一项研究中，参与者被要求讲述一只猫吞下保龄球、走在大街上的样子，手语者会大幅度地从左向右摆动双手。不过，后几代的尼加拉瓜手语使用者会通过手势按顺序表达自己的意思。对于同一只猫，他们会用两种不同的手势来表示：首先是一个画圈的动作，表示蹒跚的样子，然后是手从左向右平扫，表示它在行走。在后面这几代人的努力下，尼加拉瓜手语已经具有了组合性，像单词一样，由可以相互替换的部分组成。可以说，文化传播塑造了手语。

传播实验

为了探究这种通过迭代学习完成的进化过程，文化进化论者利用与孩子们玩的"传话游戏"（也叫打电话）相类似的一些游戏进行实验。在一项具有开创性的实验中，爱丁堡大学的语言研究人员使用一种被称为"传播链"的方法来展示语言的易学性和结构是如何通过传播过程逐步显现的。首先，他们要求人们在电脑屏幕上观看移动的图形，并学习研究人员随机为这些图形分配的"陌生"名称，比如"kihemiwi"或者"tuge"。然后参与者要接受一项测试，内容是写出一组移动图形的正确名称。他们只看过其中一半的图形，没有看过其余的。接着，他们的答案会被展示给下一位参与者，而后者经过学习和测试再将答案传递给下一位参与者。在每一轮实验中，"图形—名称组合"都会被随机分为两组，参与者只学习其中一组，而看不到另一组。换句话说，所有的名称都在经历文化传播，只是绝不会全部都通过一个人传播而已。在一轮实验中通常会出现的情况是，参与者会照搬别人写的"图形—名称组合"，但会有写错和更改的部分。仅仅几轮之后，而且是在没有任何故意设计的情况下，这种"陌生"的语言就会演变得更有条理，因此学起来也更加容易。

你可以很轻松地根据自己的需要对这些传输链进行变换。比如，用你的智能手机录一段话，然后让另一个人听。过一会儿，让这个人录同一段话。接着让别人听这个新版本的录音，之后再请对方完成录制，以此类推。尽管这段话每次都会通过一种独特的路径快速演化，但必然会变得更加简短、更易学习。

这里还有另外一个例子。在课堂上，我们把一张纸条交给一位参与者，纸条的内容是参考康涅狄格学院的约瑟夫·施罗德和他的学生进行的研究而写的一则简短说明："最近，实验者通过对 47 只圈养大鼠的研究发现，如果它们每天都吃奥利奥的话，就会嗜糖成瘾。一位研究人员说，'糖会像可卡因一样对它们造成严重影响'，所以他的结论是：糖是一种高度致瘾的物质。"接着我们给每位参与者一张白纸。大约十几位参与者坐成半圆形，我们请第一个人阅读纸上的文字，之后把纸条放在地上，在不看原稿的情况下试着在白纸上重写这段话。接着，这位参与者要把自己写的内容交给下一位参与者，而后者会重复相同的步骤。在所有人完成之后，我们会观察到信息是如何通过变化、传播和分类而改变的。在一次实验中，第三位参与者将这段文字简化为："科学家在实验中，将奥利奥喂给 47 只大鼠吃，结果它们对糖上瘾了。"正如我们所预料的那样，这一信息总是在传播链中的前几个环节就变得更简短了。

文化吸引子

在通过迭代学习发生转变的过程中，信息也会在保留某些元素的同时，失去其他的元素。例如，在上文提到的课堂练习中，"47"这个数字几乎总是被保留到最后，而像可卡因、奥利奥和糖这样的细节信息也是一样。人们通常认为像这些最低限度地违背直觉的元素往往充当着文化吸引子的角色，也就是说这些元素在几代人中会被优先保留，而其他元素则会被淘汰。

哈佛大学的心理学家史蒂芬·平克认为，语言的结构揭示了人类思维被自然选择塑造的过程，所以，如果人类思维倾向于处理某些类型的信息，那么有些倾向就会是先天的。例如，几乎所有的语言都有表示黑色、白色和红色的词语，而且大多数语言都有表示绿色和蓝色的词语。想想自然界，我们就很清楚，用语言来描述植物、血液、天空和海洋应该对生存是有一定价值的。当人类和其他灵长目动物看到红色（比如血、狒狒的臀部或者发红的脸颊）时，红色会引发一种与攻击性有关的激素反应。事实上，在像拳击和柔道这样的奥运会格斗项目中，在其他条件相同的情况下，甚至是某些国家的选手在奥运会上的衣着颜色受到管控等情况下，穿红色短裤的选手已经展现出统计上的获胜优势了。即使在体育运动之外，大家也认为男人穿红色衣服时要比穿蓝色或灰色衣服时更具攻击性。

研究人员还提出了其他类别的文化吸引子，比方说情绪性偏见，因为情绪唤醒有助于人们记住经历。反感也是一种常见的吸引子，要知道流传最广的都市传闻和新闻标题往往都耸人听闻到令人厌恶的程度。不过有一个主要的类别叫幸存者偏差，其原理就是人类会吸取有关环境、潜在威胁和生殖策略的重要教训。随着时间的推移，这些生存信息就会在民间故事中积累起来。例如在《小红帽》和《白雪公主》中，就含有诸如当心森林、陌生人和贪婪之类的忠告。

很显然，在史前技术设计中，幸存者偏差是很强烈的，从而使得这些技术作为文化秘诀代代相传。建造独木舟的方法就像一个故事，而且是一个有利于生存的故事。古人传给后代的有关如何建造独木舟的知识（从船头的形状到纤维绳的耐久性，再到龙骨的宽度，以及被挖出的单根大树干的质量，等等）显然会对打鱼效率、作战效果和向其他岛屿的迁徙造成影响。而独木舟本身也像一个故事，因为这项手艺的某些方面即便只是单纯的优先由父母传给孩子的一些知识而不影响生存，也可能会变得更加普及。在丹麦海岸附近的曲布林湾，人们发现了一个被淹没的渔业聚落遗址，该遗址大概可追溯到公元前 6500 年。人们在这里出土了一艘独木舟，以及

形状和设计都很复杂的木桨、骨制鱼钩和完好无损的纺织品。木桨
上的装饰图案特征对于生存来说并不重要，那我们可以称这些特征
为风格特征。与那些会影响划桨人死亡率或生存率的功能特征（比
如桨本身的设计）相比，风格特征具有快速变化的潜力。

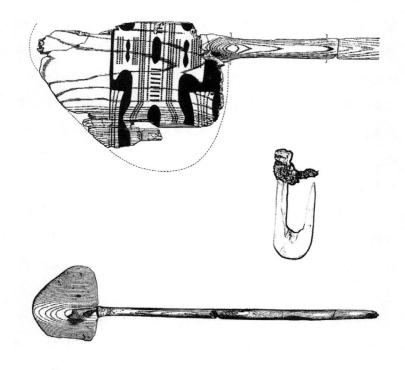

社会信息偏差

社会信息在被传播的过程中是否存在偏差（指存在于传播内容

和传播方式中的偏差）呢？从社会脑假说以及人类偏爱那些充斥着有关家庭、婚姻、性、友谊、背叛、社会地位、人际冲突和欺骗的八卦及谣言的故事这一事实中，我们应该会得出肯定的答案。有时我们会从被自己视为榜样的人那里获得信息。这通常被称为声望偏差，也就是向那些凭借自身的才智、成功、其他品质或成就而受到尊敬的人学习。在传统社会中，这些特征往往都集中在一个人身上，但在一个到处是明星代言的现代世界中（比如美国维克斯牌止咳糖浆的广告词是"我不是真正的医生，但我在电视上扮演过医生"），情况往往不是这样的，即使是在社交媒体已经通过将声望偏差扩展到本地社区之外，让人们像朋友一样同步关注国际名人和公众人物而放大这种偏差的情况下。

社会认同是一种公认的吸引子。心理学家已经证明，一个话题越具有争议性（比如气候变化或者枪支管制），争论双方就越有可能忽视证据，坚持他们先前的观点，我们将其称为"内在吸引子"。然而，在相对中性的话题上，人们则善于让证据来指导自己的决策过程。这些论证法提示我们，或许最重要的社会信息应该是学会如何向他人学习，也就是学习合作。合作不仅在群体层面上会带来显而易见的好处，对于个人的影响也是很明显的，其中包括更少的暴力和共享的食物，重要的是，还有积累文化知识的潜力。

这种合作最初是如何开始的呢？一种理论是亲属选择，指的是人们会优先帮助那些和自己血缘关系最密切的人，但这并不能解释人们为什么会开始和家族之外的人合作。有组织的宗教就是一个很好的例子，在这里合作并不是建立在亲属关系的基础上的，而是建立在口头和书面叙述的基础上的。我们或许可以从文化吸引子和生存价值的角度来对不同宗教进行比较。一些研究者坚持认为，相信有无所不知、惩恶扬善的众神存在的小群体能更好地聚集成更大的社群。尽管有证据表明，社会体系越复杂，包括基督教、伊斯兰教和印度教在内的各种宗教中司惩罚和道德的神往往就会越多，但这是一种没有因果关系的关联。我们将在第8章中更详细地讨论这个问题。

暂时撇开因果关系不谈，有数据表明，在宗教思想与慷慨和诚实的品质之间存在相关性。在一项大型跨文化研究中，研究者在对8个包含抢劫犯、牧民和园艺师在内的小规模社会进行分析后，发现那些相信有知识渊博、惩恶扬善的神存在的人更乐意彼此分享，哪怕对方是与自己没有亲缘关系但信仰相同的陌生人。基督徒和穆斯林在经济类游戏中比那些持有地方或传统宗教信仰的人表现出了更多的公平性，不过我们并没有考察这会给他们认为正在和自己一起玩或者正在给予帮助的人带来什么影响。公认的权威人物道德修养越高，见识越广，惩罚越有力，通常人们给予彼此的钱就越多。那些以拥有这些品质的神为信仰的群体能更好地在没有亲缘关系的群体间进行交流，并因此以牺牲那些将没有这三种品质的神作为信仰的小群体为代价进行聚合和扩张。

在一项实验中，参与者被要求按照他们自己能够定义的规则将硬币送给其他人。研究人员发现，当双方都相信有一位道德高尚、会惩罚不良行为而且知道你在想什么的神明存在时，参与者对陌生人的慷慨程度明显要高（在一次测试中竟然提高了 5 倍）。他们还通过灌输地方神祇拥有更多知识（即对某人的想法无所不知）和（或）更倾向于惩罚的思想来验证这一结论，但这并没有让人们变得更慷慨。换句话说，这位神明必须要道德高尚，而且既要能够带来惩罚的威胁，又要全知全能。

那么最先出现的是慷慨之神还是道德之神呢？这很难说。因为尽管肉类交换的历史和我们这个物种一样古老，但最早的馈赠行为或宗教信仰取决于对证据的解释。4 万年前的洞穴艺术和狮头雕像，和出现在 25 万年前哺乳动物肋骨碎片上的雕刻线条，到底哪一个才与宗教有关呢？此外，抛开宗教信仰不谈，人们也是可以做到道德高尚、赏罚分明的；正如埃文斯·普里查德所写的那样，努尔族的牧民对没有牛的人会表现得"极度轻蔑"，还会通过交换牛来维持同盟关系，还会沿着牛的背部抹灰，从而与已故祖先的灵魂进行交流。

无论如何，知识和惩罚的能力往往都是高效领导者的特点。不妨想想那些优秀的教师：如果他们的权威性被损害，或者如果人们认为某位老师的价值观错误（比如随意评分）或缺乏知识，那么这位老师的表现也会大打折扣。在卡梅隆·迪亚茨主演的《坏老师》出现之前，"教师电影"都是有固定套路的，就像爱德华·詹姆斯·奥莫斯主演的《为人师表》那样，在影片中，老师会鼓励大家和睦相处，而且不仅了解学科知识，还理解学生，拥有很高的道德标准，并能在适当的时候做出严厉的惩罚。展望未来，我们可能会问：人工智能是否会具备这些品质呢？事实上，在许多方面，它已经做到了，因为一种算法经过设定可以变得具有道德性、知识性和惩罚性。机票预订网站就是一个典型的例子，它会因为你更改行程而做出惩罚，也知道每条航线和最佳换乘方案（知识性），还承诺会为每个人提供最优的价格（道德性）。

数字时代的文化传播

所有这些对于文化传播的研究对未来有什么启示呢？在一个各种规模的文化传播共存的时代，偏差、吸引子和道德会如何相互作用呢？我们不妨从广告语的角度来考虑。确切地说，构思令人难忘且易于传播的广告语，或许是需要一点商业创意的。"令人难忘"和"易于传播"这两个词很重要，因为它们直接关系到产品能否被卖出。"Just Do It"（体育运动品牌 NIKE 的广告语）和 "Where's the Beef？"（国际快餐连锁集团 Wendy's 的广告语）这两句极具影响力的品牌标语永远不会被人遗忘。考虑到麦当劳的高管们正在认真讨论用机器人来代替雇员的议题，再结合如今可以在培养皿中通过培养干细胞获得动物肌肉组织这一事实，我们可能需要找一份帮他们对像"机器人负责油煎、在作为培养皿的圆面包中利用干细胞培养出的全新麦当劳芝士汉堡"这样的标语进行改进的工作。如果他们真的雇用了我们，那么我们会通过由 8 位顾客组成的传播链把这则信息发送出去，然后根据保留下来的内容对信息进行精简，突出最吸引人的方面。

　　或者我们可以直接让参与者利用电子设备来剪切和粘贴信息。脸书网的一群研究人员仔细分析了多年来出现在社交媒体网站上的许多拼贴而成的句子或段落，其中就包括"人不应该因为负担不起医疗费用就死去，人也不应当因为生病就破产。如果你同意，就转发这段话，作为你今天的状态"。这句话在几年内确实被复制了50万次。如果这是我们的某一个类似传话游戏的实验的话，我们会认为这段话应该变得更短。然而结果却和抄写文字的情况不同：第二受欢迎的版本被复制了6万次，而且要更长一些，因为人们在分享者的名字后面插入了"赞同"，而第三受欢迎的版本更是在中间插入了"我们强大的程度取决于我们当中的最弱者"。在这种社交媒体场景中，文化进化的方向发生了反转，词语并没有减少，反而增多了。随着社交媒体平台对于文化传播的深刻影响，相反的情况也有可能发生，比如文字长度可能被限制在140个或更少的字符以内。

　　脸书网的研究团队将脸书好友对这段文字的不同处理进行了分析。他们发现，如果一段文字中包含"请转发"或者"复制粘贴"这样的短语，那么被复制的概率大约会增加一倍，除此之外，像"看看会有多少人"这样的短语也会增加这段话被复制的概率，这并不让人感到奇怪。不过这与讲故事之间有另外一个重要的区别，那就是文字的突变率为11%，也就意味着每9位用户中就有一位进行了修改。尽管这可能与我们一开始讲到的传话游戏中的突变率相当，但肯定不会出现在拉贾斯坦邦的那些讲述者当中。而且，正是由于脸书网的团队在 100 多万条状态更新中发现了这段话的 10 万多个版本，才得出了 11% 这个数字。因此，尽管我们可以谈论《小红帽》在中国和英国长达几个世纪的传播过程中，为了适应不同文化和环境而发生的一些关键变化（比如将狼替换为虎），但在脸书上，这种为了适应不同的社会群体而进行的改变和分裂同样不可忽视，比如有人会把那段话变成一个笑话："人不应该因为买不起啤酒就不喝酒"，还有人则将其变成了相反的政治观点："人不应该因为政府介入了医疗卫生领域就死去"。

对于文字共享，还有一个会被大家想起的问题。在我们的传输链实验中，当参与者沿着这条链去追溯整个故事经历过怎样的变化时，可能都会被某个大的改动逗笑，因为他们都知道"应该"怎样纠正。真实的文化传播往往是一种群体行为过程，而且具有以达到群体一致性为目标的自我修正特性，在这个过程中，学习将贯穿人的整个童年或一生。正如一位博帕尔对达尔林普尔所说的那样："过去我父亲每天教我一个故事，在我背诵的时候他会纠正我的错误。"

不过，我们在这种知识传播上的投入程度是取决于环境的。在西方国家，名牌大学的学费和房子一样贵，教育孩子是一项长期的投资。这与简单的农业社会完全不同。从农业劳动力的角度来说，农业社会中的儿童是一项净资产，由父母自己来教育往往更快，也更容易。随着文化日渐复杂，父母在教育下一代上需要花费的时间也越来越长。而无论你在一生中付出了多少时间，都需要尽力突破下一代教育的瓶颈。我们将在第 4 章中详细讨论这个问题。

CULTURAL TREES

4
文化树

在米德尔顿电影院，偶然出现的物品有时会改变人们常规的做法。例如，经理决定修理他家里的冰箱，于是把所有的零件（金属盖板、风扇、氟利昂泵等）都带来了，堆在销售柜台后面，看起来摇摇欲坠的，很不牢靠。在一块写着"不要动"的牌子下面，这堆东西在那里度过了整个夏天，因为有一半零件挡住了黄油机，所以爆米花上的黄油分布不均匀。最终，来自密尔沃基的地区主管杰瑞出现了，下令把这堆垃圾搬走。要不是他插手，这些东西最后就会变成固定设施了。如果米德尔顿电影院作为特许经营连锁店迅速扩张的话（而不是在20世纪90年代被夷为平地），那么一堆旧的冰箱零件可能会出现在某些连锁的影院里，而在其他的连锁影院中，爆米花上的黄油可能也是分布不均匀的。物质文化和行为会共同进化，形成新的分支。

20世纪80年代，包括迈克在内的一些人类学家和考古学家都认为，石器、陶器乃至语言，和牙齿、细胞和骨骼一样，都会受到进化过程的约束。而大约也就是这个时候，理查德·道金斯提出了"延伸的表现型"这种说法，用来指代身体之外的遗传性状，这并非巧合。经典的例子包括海狸建造的水坝、蜘蛛网、鸟巢和白蚁丘，所有这些都是可以保护生物体及其基因的"工具"。这些基因，或者说复制因子，就是让某个生物体的行为在后代中表现出来的基本单元。

在当时，学术界的反应基本上除了怀疑，就是嘲笑。他们都说，尽管陶罐和箭头是人们制造并使用的工具，但这些东西并不会繁殖。此外，技术或文化在史前发生的变化通常都是刻意的：人类有了想法（这些想法无论如何都不能等同于基因），并付诸行动。仅此而已。

然而，在接下来的几十年里，文化进化作为人类学中的一个领域发展起来，甚至延伸到了许多最近融入大众文化的分支学科。比如，像模因这样的词在目前就很普遍，而将技术作为延伸表现型的观点也不再激进。2015 年，在由 1 000 位年龄介于 16 ~ 55 岁之间的美国人组成的样本中，有超过 90% 的人认为互联网是他们大脑的延伸，而且几乎有一半的人把智能手机当作自己记忆的一部分。事实上，当人们通过这些设备延伸自己时，网络连接已经变得必不可少。由于智能设备塑造并且越来越多地占据着我们的个人环境，所以它们应该有资格成为人类表现型的一部分。

阿舍利手斧

在有关大众文化的讨论中，我们有时候会看到 iPhone 和阿舍利手斧被摆在一起的图片。阿舍利手斧是一种更新世时期的石器，从约 170 万年前到大概 10 万年前，我们的祖先一直在使用它。这两者之间的比较是对 iPhone 重要性的一次深刻评价，因为阿舍利手斧被认为是人类进化史上的里程碑，是它让直立人有机会从非洲走向世界，并在欧洲和亚洲定居。一些古人类学家认为，阿舍利手斧是原本就存在于人类大脑中的，或者说至少在一定程度上受到基因控制。而 iPhone 表面上与手斧是有相似之处的，因为两者都是能够塑造个人环境的手持多用途工具。不过，除了明显的技术差异之外，二者之间还有一个在进化上的重大区别：与似乎一夜之间就会发生变化的智能手机不同，手斧基本上在几十万年的时间里从未发生过改变。虽然会有细微的区域性差异，但总而言之，无论你身在何处，阿舍利手斧就是阿舍利手斧。

不妨想象一下继承一项几十万年都未曾改变的技术会是怎样一番景象吧。我们人属的祖先很可能在孩提时代就学会了制作石质手斧，几乎不会有改变这种工具的想法。我们也几乎不可能想象技术在几十万年里停滞不前的景象，简直就像想象星际空间的距离一样。怎么可能几乎没什么变化呢？在旧石器时代，工具的改变甚至比冰川的形成还要缓慢，比方说，纽约州北部地区由冰川雕刻出的峡谷和瀑布就只有约 1.2 万年的历史。当然，每隔几代人就出现

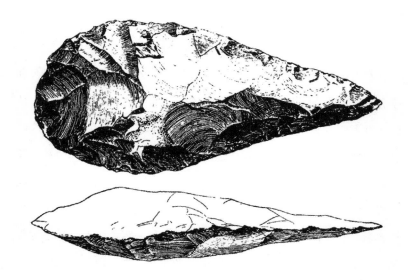

的意料之外的改进应该会让阿舍利手斧以比这更快的速度改变，但考古记录显示事实并非如此。为什么会这样呢？

也许我们的祖先太笨了，发明不出任何新东西。但这种解释不一定是对的，因为在更新世时期，也就是从 200 万年前到 50 万年前，原始人的大脑体积增加了一倍多，然而石器在那个时期几乎没有什么改变。如果工具始终受到脑力的约束，那么我们应该看到的是与大脑体积相同步的改进，但事实上我们并没有看到。

或者，也许原始人需要以更大的群体为基础，才能实现技术上的变革。不过这种解释针对的是更复杂的技术，关于这种技术，人们有必要向群体中的专家学习，或者群体能够供养得起技术专家。就更新世时期的石器而言，即便有专家，或许每个人也能在不需要向专家请教的情况下，打造出一把手斧。事实上，上考古课的本科生都会拿到一副园艺手套和一堆燧石结核，并且还要把这些燧石相互敲打，很快他们就学会了燧石敲击术的基本知识，并能做出一把像样的阿舍利手斧。

模仿与效仿

考虑到学生们只要花一个下午的时间就能在手斧制作上取得很大的进步，我们的祖先或许是把不变的手斧外形作为实体模型或者设计蓝图，以制作更多的手斧。这是一种模仿，意味着只复制结果或目标，而不是效仿，后者意味着复制达到目标的方法。这种差异对于文化进化的过程至关重要。对于复杂的人类技术和文化来说，效仿是很关键的，不过灵长目动物学家至今还在争论，黑猩猩到底是能够真正地效仿，还是只能模仿。

这种差异也存在于古代人类的大脑。我们想要知道人类祖先是从什么时候开始不再单纯地模仿而开始效仿的。尽管中石器时代的考古学证据并没有直接展示他们学习的过程，但通过遗留下来的形态各不相同的碎片来倒推，我们就能清晰地看出他们曾经的行为。比方说，找一块葡萄柚大小的燧石结核。把它周围的薄片敲掉，弄成一个"核心"。先旋转核心，再敲掉薄片，然后再旋转，重复上述步骤。在核心上打磨出一个"平台"。从这个平台上敲下一个小薄片，然后旋转 60 度，再敲掉一个小薄片，以此类推。

　　不过，为了解决模仿和效仿的问题，我们还是需要体现他们学习过程的证据。考古学家杰恩·威尔金斯发现了世界上最早的证明人类用石头来制作矛尖的证据（约 50 万年前），他推断效仿者每次都会留下相似的石头薄片，而模仿者由于方式独特，则会留下形态各不相同的薄片。在南非有一处可追溯到 50 万年前的卡图潘遗址，早期现代人在这里制造了燧石刀刃，这是一种长而窄的石器，锋利得足以将煮熟的兔子切成片，既可以被当作抛掷尖物，又可以用来剥兽皮。威尔金斯认为这里的碎片在形态上的差异更倾向于由模仿造成的。如果阿舍利手斧是通过模仿制造出来的，那这就可以解释中石器时代发展缓慢的原因，也就是说手斧本身是后人通过模仿将其复制的设计蓝图，同时也作为这些古人类延伸表现型的一部分，受到自然选择的影响。

　　50 万年后，第一批巨兽猎人沿着他们祖先在约 1.4 万年前的迁徙路线，经由西伯利亚和阿拉斯加之间的白令陆桥来到北美大陆，当时的冰期海平面比现在低了大约 100 米。为了制作出小巧精致的抛掷尖物（被称为克洛维斯矛头），学徒们会通过仔细的效仿来掌握某位专家敲击打磨的过程，因为模仿是行不通的。而且，与阿舍利手斧不同的是，克洛维斯矛头在距今约 1.33 万 ~ 1.25 万年之间的仅仅几百年里就发生了变化。我们能只通过查看人工制品本身，就将这些变化按照时间的顺序进行排列吗？答案是肯定的，而且在这个过程中，我们会对技术进化图的绘制有一些总体的了解。

进化树

"进化"虽然是一个经常被用来表示"变化"的词，但其真正的含义实际上更为具体。进化意味着代与代之间有不同的变体在被传播，人们可以根据情况对这些变体进行分类，因为某些变体的传播频率会高于其他变体。尽管支序分类学（通过相关实体的共同特征追踪其历史）最初是为了追踪生物进化的过程而设立的，但也可以应用于所有正在进化的事物。

这其中就包括技术。我们不妨看看克洛维斯矛头的系统演化史。首先，我们需要选择要集中关注的技术特征。举个简单的例子，我们可以只追踪凹槽这一种特征，也就是在矛头底部被削去的一块长薄片。图中的树形结构展示了矛头家族进化过程中的三个阶段。首先从无凹槽的原始状态 A 开始，它在自我延续的同时，也导致了祖先 B 的出现，后者是有凹槽的，属于"衍生"状态。在这个新的族系中，祖先 B 随后又产生了两种都具有凹槽的族群，而这些族群都属于"共有衍生"状态，因为它们只和自己的直系共同祖先一样有凹槽。

到目前为止还跟得上我们的步伐吗？我们不妨再进一步。如第三个树形结构所示，对于新出现的两个族群来说，凹槽已经过时了，所以是它们"共有的祖先状态"。但如果我们要谈论的是这两个新的族群和一个出现得更早的有凹槽的族群，那么凹槽就又变成了衍生状态，因为它们和自己的共同祖先 B 都是有凹槽的。在重现历史关系的过程中，共有的衍生性状要比共有的祖先性状更有用，因为它们来源于（或者说衍生自）族群最近的共同祖先。既然我们已经掌握了这些基本知识，那让我们来看看进化树会告诉我们哪些关于语言、技术，甚至未来的信息吧。

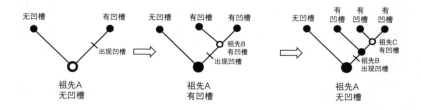

语言和民间故事的系统演化史

　　人类语言的情况比技术还要典型，它不仅继承性很强，还随着时间的流逝展现出树形的进化模式。祖先的语言（如拉丁语）分支成多种派生语言（如罗曼语），后者都具有来源于它们共同祖先的特征，讲西班牙语、葡萄牙语、意大利语、罗马尼亚语和法语的人都非常清楚这一点。强大的语言系统演化史（即根据推断出的进化关系完成的树形图）针对的是主要的语言族群，而这些族群往往能清晰地反映远古人类的分布情况。南岛语系的演化史反映出古代航海者从马达加斯加一路来到复活节岛，完成了具有开创性的航行。印欧语系（包括印地语、日耳曼语和罗曼语等）的进化，与过去8 000年来欧洲的许多次人类迁移相伴而生，也就是从以黎凡特为起点的农业扩展，到离现在更近的盎格鲁-撒克逊人和维京人移居不列颠。

　　这些移民在向孩子们传授他们的语言的同时，也会给孩子们讲故事（和他们从自己的父母那里听到的故事是一样的）。我们在第3章中已经讨论过，许多民间故事的年代都非常久远，它们的时间深度正是衡量传播准确度的一个标准。这些故事的地理范围与群体在整个地域的分布有关。人类学家贾姆希德·德黑兰尼在研究《小红帽》的系统演化史的过程中，从世界各地收集了这个故事的58个当代版本。为了将不同版本的故事分解成相互独立的特征，德黑兰尼选取了某些版本共有但并非所有版本都包含的情节元素。例如，在一些亚洲版本中，当反派角色无法假扮成孩子的母亲时，会喝油或泉水来清清喉咙；而在某些非洲版本中，狼会割破自己的舌头，以便让自己的声音变得柔和一些。为了明确这些情节元素的本质，德黑兰尼给它们起了"借口逃离""与坏人对话""手部检查"（孩子们让"祖母"把手伸进门来）等名称。当他煞费苦心地将世界范围内所有这些不同的叙事特征都一一编目（他会告诉你研究工作到这里已经完成了98％），德黑兰尼就得到了一部系统演化史，并据此估算出这个故事至少已经有2 000年的历史了。他的这个结论为华纳兄弟公司2011年的电影《小红帽》起到了很好的宣传效果，因为出品公司宣称这是一个有着800年历史的故事。民间故事就像米德尔顿电影院的那堆冰箱部件一样，其存在的时间比我们想象的要更长，而且出奇地稳定。

在这项研究之后，德黑兰尼和他的同事萨拉·格拉萨·达席尔瓦对76个以魔法为基础的民间故事进行了研究，其中就包括《侏儒怪》[①]和《美女与野兽》。他们的系统演化分析结果显示，一个关于铁匠与魔鬼做交易的故事大约有6 000年的历史，所以它属于原始印欧语、大多数欧洲语言和印地语的古老祖先。然而，人家原本认为将原始印欧语带到欧洲的是没有金属工具的新石器时代的农民，而不是铁匠。对于古代民间故事系统演化史的研究显然已经重启了

---

① 德国民间故事中的一个侏儒，帮助磨坊主把女儿嫁给了国王，但条件是新娘把她的第一个孩子给他，或者猜出他的名字。结果新娘猜对了，侏儒一气之下自杀身亡。——译者注

一场与古代技术有关的精彩讨论。

复杂技术

　　语言本身就像计算机的编程语言一样，也可以是一种技术。圣菲研究所的塞尔吉·瓦尔韦德和里卡德·索莱对计算机语言从 20 世纪 50 年代起的进化过程进行了追踪，他们怀疑这其中涉及一种分支模式。例如，在 20 世纪 80 年代，C++ 编程语言从面向对象的编程语言中分出来；而另一个分支则出现在 20 世纪 90 年代初，当时詹姆斯·高斯林发明了后来被称为 Java 的语言，Java 由此成为世界上最受欢迎的编程语言，尤其是在网页开发领域。

　　下面这张图极大地简化了他们的分析结果，将系统演化史归结为四种主要的计算机语言：Basic、Pascal、Python 和 Java。这个树形图以它们的特性为基础，从中可以看出 Python 和 Java 之间的相似度要高于它们各自与 Basic 或者 Pascal 的相似度。尽管这四种语言都是从 Fortran 语言演化而来的，但 Pascal、Python 和 Java 看起来更像它们的共同祖先 Algol-60 语言，而不是 Fortran。Fortran 只是将这三者与 Basic 结合在一起。在树形图中，Python 和 Java，以及它们的共同祖先 C++ 形成了一个分支。Pascal、Python 和 Java，以及它们的共同祖先 Algol-60 则形成了另一个更具包容性的分支，以此类推。

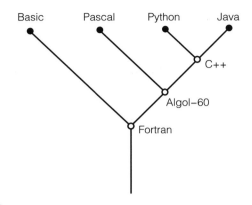

　　和石器或者生物物种一样，编程语言的系统演化史也表现了在关键的发明创造推动下多元化的突然爆发。放大这张系统演化树形图，你会在精密的标度内发现更细微的变化，而且这些变化仍然是彼此并列和嵌套的。如果我们抛开时间尺度不谈，那么常规的嵌套分支模式也可以代表另一种技术，不管是石器、金属武器还是晶体管收音机。研究人员在对美国专利数据库进行考察后发现，与石器进化的过程一样，新事物之间也存在着相互依存的关系，只是进化速度加快了 1 000 倍而已。

　　现有技术的新奇组合往往有可能涌现出一连串的发明创造。只需要一点儿创意，我们就可以用它来预测甚至塑造未来。假设进化分支会告诉我们哪些进化空间已经被占据了，那它们应该也能展现那些临近的尚未被占据和探索的概念空间。为了便于说明，我们不妨假设猫王在 1953 年看到了一张音乐的进化分支图。尽管系统发生学在当时还未出现，但我们假设它已经存在了。猫王可能会看到由乡村西部音乐及其近亲构成的进化分支，还有相邻的由节奏布鲁斯及其近亲构成的分支，在这两者之间是一个充满吸引力的开放空间。尽管摇滚乐未必是这样起源的，但音乐确实在现有分支间的开放空间中取得了很大的发展。

除了音乐，我们还会看到有人利用系统发生树和树形结构对各种各样的机遇进行评估。例如，麻省理工学院媒体实验室的塞萨尔·伊达尔戈用树形图来表示不同国家的专业技术之间有多么密切的联系。从分支连接的角度来说，两个产品的联系越紧密，某个国家在出口其中一种产品的同时，出口另一种产品的可能性也就越大。而在两种相关产品之间的空白区间可能会出现新的机会。

在下一章中，我们将更进一步地研究文化的系统演化史，并展示我们如何利用一棵立体的系统发生树（特别是语言树）来推断文化中的其他方面（如家庭结构和政治制度）在进化过程中的变化。我们还会简要地探讨如何用这样的方式去思考未来。

BAYESIANS

5

贝叶斯学派

假如某个星期六的晚上是亚历克斯来米德尔顿电影院工作的第一个夜晚，那么他可能会觉得自己存到银行里的 11 美元也没什么特别的，而且认为星期日晚上的营业额会更低。然而，在那里工作了几个月之后，他就知道一部"新"电影在首映之夜至少会吸引来20 个人。根据经验，他还知道，由于大家都清楚电影院里的空调坏了，所以在炎热又潮湿的星期六晚上，当地人一般是不会来的。而且，还是在他们连续第 4 周放映《老板度假去》这部电影的情况下。

　　亚历克斯认为生意最终是会好转的，他利用的是我们大多数人所说的常识，不过严格地说，这也可以被看作贝叶斯推理的一种形式。作为根据自己独特的生活经历来构建主观世界模型的生物，人类对于贝叶斯推理的运用是相当自然的。我们会利用每天收集到的新证据，不断更新我们的模型。假设你拥有一家餐馆，经过一段时间，你就会知道，如果你在下午 4 点前接受了 30 个晚餐预订，那么当晚将会有大约 200 位顾客，但是如果你在 6 点前接受了 70 个预订，那么到打烊之前会有大约 250 位顾客。你经营这家餐馆的时间越长，就越有可能预测出会有多少位顾客。

一般的贝叶斯方法包含以下几个步骤。首先，将你的模型量化为一个概率分布，或者叫作先验分布。接着，收集与你想要预测的领域的有关信息，并对先验分布进行更新。这个更新后的版本在学术上被称为后验分布。然后把后验分布作为先验分布，一遍又一遍地重复最后几个步骤（收集信息，并根据新的观察结果更新先验分布）。最终你会得到准确的概率分布，它能帮你对这个世界进行建模和预测。至于你的餐馆和预计的顾客数量，事实上这么多年来你每天晚上都在用贝叶斯方法更新你的先验分布。

严格地说，贝叶斯法则（以英国统计学家和牧师托马斯·贝叶斯的名字命名）表明你对自己观察到的现象所做的解释成立的概率与两种概率的乘积成比例，这两种概率就是观察结果本身的概率和根据你的解释产生这些结果的可能性。可以想象，贝叶斯法则在被正式提出的时候，听起来会有多么尴尬和滑稽。凭直觉来说，我们都能理解这个道理。举一个例子，假设龙卷风袭击了你的房子，而你很确定这是因为你的嫂子对你的家人下了诅咒。那么不妨保留这个想法，用贝叶斯的方式来思考。龙卷风本身是一个小概率事件。除此之外，虽然你的嫂子一直在诅咒别人，但龙卷风并没有袭击他们的房子。更正式一点的说法就是，我们用龙卷风本身的低发生率乘以诅咒之后马上出现有针对性的龙卷风这一事件的低发生率。不管你是一个凭直觉来判断这些可能性的人，还是一台能够精确计算出这些可能性的机器，贝叶斯法则都会告诉你，袭击你房子的龙卷风可能并不是由你嫂子的诅咒引起的。

贝叶斯思想

当我们把贝叶斯法则与在第 3 章讨论的传播链结合在一起，会发生什么呢？答案就是，我们不仅能了解到人类的思考方式，还能得到一个人工智能的模型。谷歌公司的研究人员欧里约尔·温亚尔斯和黎国为了你下一次的客户服务咨询而正在开发的"神经网络对话模型"就很简单灵活，取代了像你在通过计算机预订机票时用到的手动输入对话的规则。他们写道："我们只是简单地将预测输出作为输入，来预测下一个输出。"人类说："你好！"机器会回答："你好！"到目前为止还是很有说服力的。接下来就是一段关于登录细节的有效对话。后来，人类又问："生存的意义是什么呢？"机器回答说："看看当我们到达地球时会发生什么吧。"这一定是在开玩笑。人类问："死亡的意义是什么呢？"机器回答："为了获得生命。"

最后一个回答如果不是有点吓人的话，还是很发人深省的。机器学会了回顾，意思就是它的输入是上一次的输出。为了准备下一次回答，它把到目前为止所说的话都串在一起，这就叫迭代学习。我们在布里斯托大学的同事斯蒂芬·莱万多夫斯基认为，人类也是这样思考的。这就好比你从自己这里收到了一则信息，先更新这条信息，然后把更新后的结果传递给自己。如果昨天太阳 5 点 45 分升起，而今天 5 点 46 分升起，你就会将明天的模型更新为：5 点 47 分日出。

莱万多夫斯基的团队通过一个传播链实验对迭代学习进行了探究。在这个实验中，他们要求人们对一个尚未有结果的现象进行估计，比如正在打电话的你还要再等多久才会有人接听，或者一部已经上映的电影的总票房会是多少。某位参与者看到了一个这样的问题："如果你要评估一名 39 岁男子的保险案例，那么你会希望他在多大年纪的时候死亡呢？"当然，这位参与者给出的答案是比 39 大的某个数字。然后，他们又问了参与者相同的问题，只不过这次的数字是在 0 和参与者之前回答的数字之间随机抽取的。所以，如果预期寿命的估算结果是 67 岁，那么这个问题就可能会被更新为："如果你要评估一名 51 岁男子的保险案例……"以此类推。计算机上有很多不同话题交织在一起的问题，人们每秒要回答大约一个问题，直到每个话题被问到 20 次为止。20 位参与者给出的回答不仅在前 5 步之后就迅速集中在最终答案上，而且所有的推测合起来基本上与真实情况总体的分布相匹配。通过迭代学习，人们可以很好地对各种各样的事物进行估计，比如一部电影最终的总票房、人类的寿命、诗歌的长度、法老的统治年限、电影的放映时间，甚至是用烤箱烘焙蛋糕的时间。

莱万多夫斯基将这种能力称为"个人智慧"，意思就是把你自己先前的判断集中在一起。如果我们能把很多人各自做出的判断结合在一起，那么"群体智慧"就可以更准确地估计真正的答案。对于未来的文化进化来说，这一点很重要，原因有两点：首先，社会影响（例如监视别人的回答）会毁掉群体智慧，而在线算法则不断向我们展示其他人的"答案"；其次，如果人类在很多时候做不到精确的预测，那么不妨将贝叶斯推理作为一种人工智能的模型，即利用新信息对某项分布的现有情况进行更新，然后从更新后的分布中获得新的估计结果。稍后我们会看到这个模型的成功前景，以及存在的问题。

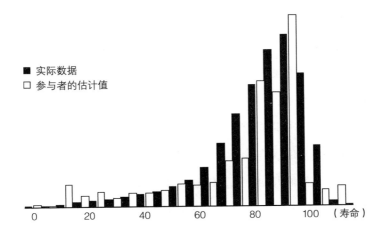

贝叶斯模型与班图人的扩张

贝叶斯推理除了会利用过去预测未来，还可以被用来诠释历史。如果你关注美国大学生体育协会高校篮球赛的四强赛，那么不妨想象一下，在比赛结束后，美国娱乐与体育节目电视网要求你仅仅根据比赛结果，对所有 64 支球队的实力进行评级。最终的比分以及胜负球队就是你拥有的全部数据。你该怎样根据这些为他们评级呢？如果是循环赛的话，你还可以将球队进行两两比较，但在四强赛中，只要失利一次，就出局了。

一开始你会不知所措，但随后就会冷静下来，因为你意识到自己可以很好地完成该网站的任务。在笔记本电脑的帮助下，你先对每个队的实力进行推测。然后，让电脑根据所有 64 支球队的初始设置来"打"比赛。在模拟比赛中，每次都有两支球队进行对战，你为各支球队分配的相对实力就像灌铅骰子一样，电脑会据此按照一定的概率选出胜者。你可以将模拟结果与实际比赛进行比较，但更好的一点是，你可以把这个比赛运行 1 000 次，然后将最合理（即可能性最高）的结果与实际的比赛结果进行比较。

但这只是刚刚开始，因为你最初对 64 支球队的实力的推测几乎可以肯定是不正确的。现在，你需要对所有球队的实力再进行一次推测，并再把比赛模拟 1 000 次，然后反复地推测各队的实力，重新模拟 1 000 次比赛，而且每次都要将这 1 000 次模拟的结果与实际比赛的结果进行比较。最终，你会得到平均而言最接近实际结果的模拟过程所对应的实力预测值，而这就是你的答案。仅仅通过比赛结果，你就可以了解所有球队的相对实力以及这些球队战胜其他球队的可能性。如果所有这些工作看起来都太复杂了，那么当你拿到娱乐与体育节目电视网的工资支票时，你的感觉应该会好很多。

现在如果我们能利用贝叶斯推理来分析篮球比赛的话，那么把镜头拉远，用同样的方式来审视古代的文化竞争应该也不会太难。为了弄清楚这个过程是如何实现的，让我们回到 3 000 年前的西非东部，当时这里有更多的降雨和更青葱的稀树草原，甚至在撒哈拉沙漠的南部还有雨林。在西非，一群说着原始班图语的牧民开始了世界上跨越两代人的一次漫长而艰险的迁徙。几个世纪以来，班图人的分布范围最终向南扩张到非洲撒哈拉以南的大片地区。这些牧牛人生活在父系群体中，也就是说他们通过男性一方来追溯血统和财产权，从文化角度来说，他们的扩散消除了沿途的大多数从事园艺的群体和（或）母系群体。他们经过的大陆主要居住的是讲班图语的人，这些人以养牛为生，并通过父亲一方来获得宗族认同和财富。如今，非洲撒哈拉以南地区的很多本土文化至少在一定程度上要归功于这次迁徙。

考古学还给我们讲述了很多关于这次班图人大迁徙以及在此之前的那些文明的故事，其中包括巴特瓦族，他们的语言中有很多植物学术语，可以满足适应丛林生活的需要；还有原始克瓦桑语族群，其后裔中就包括卡拉哈里沙漠的昆族人，以及坦桑尼亚那些讲哈扎语和桑达韦语的狩猎采集者。但如果我们想更深入地了解这个史前事件，比方说文化进化更普遍的过程，是否能从这些考古记录中找到更多的隐藏信息呢？

事实证明答案是肯定的，具体的做法就是将贝叶斯方法与我们在第 4 章讨论的系统演化分析法结合在一起。针对班图人的扩张这一课题，研究人员从语言学家已经构建好的班图语的系统发生树入手。接着，他们对两种特定的文化习俗（财产继承和家畜养殖）沿着这部语言史的各个分支可能发生的变化进行了探究。他们把语系分成了四类：有牛且母系制、有牛且父系制、无牛且父系制以及无牛且母系制。

接下来该怎么做呢？首先，我们需要知道每个非洲语系对应的语言树在第一次被提出的时候各分支末端的性状状态。幸运的是，我们可以很容易地从《民族志图集》中得到这些信息，这本书是由乔治·P. 默多克在 20 世纪 60—70 年代编纂的，记录了 1 000 多个社会群体的基本情况。例如，《民族志图集》记录了生活在尼日利亚和喀麦隆的蒂夫人是父系制的，而且以放牧牛群为生，而在安哥拉讲甘吉拉语的卢姆贝人或在尼日利亚讲尼东阁语的安博人尽管是母系制的，但也以牧牛为生。

到目前为止，一切都很顺利：我们有一棵语言树，并且知道各个分支末端分别对应四种可能的性状状态中的哪一种。现在我们只需要一个能让我们通过最初的原始状态（树的"根"）准确预测分支末端性状状态的文化进化模型。我们要寻找的是一个事件导致另一个事件的概率，也就是说，如果我们找到了正确的那一组概率，那么在对这个模型进行模拟时，我们应该得到一个已知的结果。

贝叶斯系统演化分析法仅仅从一个历史事件出发，就可以得到整体性的认识。班图人只在非洲建立过一次殖民地，却留给我们一棵语言树及其分支末端的当代文化。在树的每个节点上，都会有一个对应上述四种性状状态组合中的某一种的语系。沿着从这个节点延伸出来的系统演化分支，这个语系一次可以改变一种性状状态，比如说，从有牛且母系制变为有牛且父系制。我们想知道的是：当一种性状状态改变的时候，作为响应，另一种性状也发生改变的可能性有多大？具体来说就是，当班图人的迁徙将牧牛的习惯引入母系制群体时，这是否会迫使牛的继承方式遵从父系制度呢？

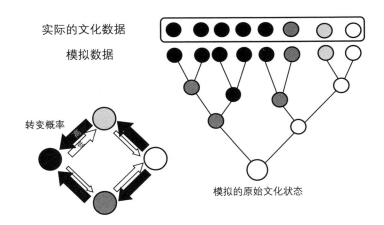

经过分析，我们得到的答案是 4 种状态之间相互变化的一组概率。这有点儿像猜一支篮球队击败另一支篮球队的概率：我们先推测概率，然后把每组概率对应的模型进行多次运行。图中，大箭头表示最有可能发生的变化，即最常见的变化，小箭头则表示极少发生的变化。其中有 4 个箭头表示朝一个方向的转变，而其余 4 个箭头表示朝相反方向的转变。8个箭头代表需要推测的8个概率值。

到现在为止，你们能明白我们在讲什么吗？我们用8个箭头来表示4种不同状态之间的转变。现在让我们从树根部的原始社群（比方说是无牛且母系制）开始。在下一个节点处，这个社群会发生一个变化：要么是有了牛，要么就是转变为仍然无牛的父系制。尽管我们是随机在两种变化间进行选择的，但依据的概率是由我们在运行模型之前指定的箭头给出的。我们掷出这枚灌铅骰子，然后选择了无牛且父系制。而这个新群体的后代也掷出了他们自己的骰子，这一次他们要在获得牛以及回到无牛的母系制之间做出选择，依据的同样是箭头给出的相对概率。在这个过程中，不允许两连跳，而且留在原地也是一种选择。我们一直这样做下去，直到填满整棵语言树为止（请记住，我们的出发点始终是语言）。

现在看看树的分支末端，检查一下模拟的结果与我们从《民族志图集》中了解的真实状态相匹配的程度。利用计算机一遍又一遍地进行模拟，也许要做1 000次，目的只是获得箭头所对应的那组特定的概率。与实际记录的匹配程度决定了具体选择的概率反映现实的可能性。现在不妨稍微调整一下这些概率，再重新做一遍。然后，再对8个概率（箭头）的不同组合进行多次尝试，直到我们验证了所有的概率集合为止。

在对班图文化的研究中，科学家发现转变发生的概率是相当不平衡的。如果母系群体获得了牛，那么它在下一个系统演化阶段就有27%的概率变为父系制。某个群体一旦成为有牛且父系制，那就几乎不可能（0.2%）恢复到母系制。一个母系群体如果有牛，那么失去牛的概率高达68%，但如果没有牛，那么他们得到牛的概率就只有16%。

研究人员克莱尔·霍尔登和露丝·梅斯得出了一个很恰当的结论，那就是牛是"母系制的敌人"。这个结论更广泛的含义在于，一种新资源的引入可以会改变或扰乱家庭生活。例如，在埃塞俄比亚工作的米哈瑞·吉布森和埃谢图·古鲁姆就观察到，以前有些农村地区的妇女要花几个小时去挑水，后来接入自来水之后，发生了两个变化：第一，生育率（每位母亲生育的孩子的数量）略有增加；第二，弟弟们或妹妹们开始离开自己的家庭，移居到城里。尽管发展经济学家不会预料到给农村供水会带来这样的影响，但吉布森非常清楚，对于班图语的系统演化研究表明家庭组织是文化体系的一部分，而且与资源是协同进化的。不管在这个体系中增加牲畜还是饮用水，在她看来都是没有区别的。

系统演化研究的另一个目标是推断树根部的状态。例如，几乎所有欧洲人的祖先之间有着怎样的亲属关系呢？已婚夫妇是住在丈夫的村子里还是妻子的村子里呢？为了回答这个问题，牛津大学的人类学家劳拉·福尔图纳托从已经相当完善的印欧语系树着手，而这棵树的根就是原始印欧语。然后，她通过研究《民族志图集》中列出的当代印欧语系社群间的亲属体系（从妇居、从夫居和单居），将这些文化"装饰品"挂在了这棵树的分支末端。在完成所有的模拟之后，最突出的箭头（概率最高）显示使用原始印欧语系的古老社群是从夫居的。这与遗传学和考古学研究的独立证据相吻合，真是一项了不起的发现。

跨越太平洋

汤姆·柯里和他的同事们利用早已存在的太平洋语种系统发生树和贝叶斯系统演化分析法，来探究古代波利尼西亚的政治制度。大约 5 500 年前，来自中国南部或中国台湾的南岛语族人就开始到太平洋的岛屿寻找定居地。这次的扩张发生得非常迅速，被称为"特快列车"。我们可以从约 3 200 年前的考古记录中辨认出所谓的拉皮塔人的遗骸，他们是有史以来最优秀的航海者。拉皮塔人乘坐他们著名的双壳体独木舟，利用星星来导航，并凭借微小的水波来推断地平线附近是否有岛屿。短短几个世纪，拉皮塔的水手们就将他们的文化从美拉尼西亚岛一直传播到汤加和萨摩亚。在之后的 1 000 年里，他们的后裔扩展了波利尼西亚的其他地区，活动范围北至夏威夷岛，南至新西兰，东至拉帕努伊（即复活节岛）。这些定居者不仅带来了山药、猪和鸡，还带来了陶艺制作技术、捕鱼术和他们的南岛语。

在新几内亚东部的瓦努阿图群岛上，一些最早来到这里的拉皮塔殖民者在埋葬一位男性"领袖"时，将其他三个人的头骨作为陪葬品放在他的胸腔上，这些头骨有可能是在墓主死后的某个时候被放上去的，也可能是他去世时的祭品。同位素研究表明，这名男子是通过航海来到瓦努阿图的，而其他三人可能就在当地长大。还有一些人与这位领袖具有相同的外来同位素特征，而且他们中的大多数人在下葬时都是头朝南的，这在之前提到的那个有 30 多人的墓葬里是很罕见的。显然，即使是在这一小群早期的太平洋入侵者当中，也已经有了不同的身份，可能还存在某种社会等级制度，而这些都与他们的出发地有关。可以说，要航行如此遥远的距离，等级制度必不可少。

重点在于，早期波利尼西亚殖民者当中的这种原始的等级制度一旦开始在偏远的岛屿和群岛上自由发展，就很快演变成不同的政治制度。在托克劳的珊瑚环礁上，最普遍的体制叫作 maopoopo，意思是"身体与灵魂都一致"，也就是由较大的家族共同拥有土地。与此相反，18 世纪刚开始与外界接触的夏威夷群岛是由高度层级化的酋邦组成的，并处于一位女酋长的统治之下。

为了弄清楚如此多样的政治制度是如何从一种初始体制（也就是把三个头骨作为陪葬品放在墓主胸膛上的做法）演化而来的，柯里和他的同事们采用了我们很熟悉的方法。首先，他们需要一棵语言树，于是就找来了已经公布于世的南岛语系树，并在最有可能用于研究的树中挑选了 1 000 棵，最后他们选定了一棵能体现各个语言文化群体在太平洋建立殖民地的先后次序的树。接下来，他们定义了 4 种简化后的政治体制：无首领状态、简单酋邦（一个领导层级）、复杂酋邦（两个领导层级）和国家。根据东南亚和太平洋岛屿上南岛语族社群的人种志和历史记录，柯里和他的同事们对这棵民族语言树分支末端的 84 个社群进行了分类。

　　他们模拟的转变过程（即图中的箭头）代表随着时间的推移某种政治制度发生变化的可能性。他们将系统演化分析的结果与 84 个南岛语族社群的近况进行比较，发现当无首领社群在 2/3 的时间里升级为简单酋邦，但又在 1/3 的时间里恢复原状时，二者的吻合程度是最好的。不过，某个简单酋邦一旦变成复杂酋邦，或者某个复杂酋邦变成了国家，实际上就没有回头路了。这棵树的根部很可能是无首领状态的（可能性约为 75%），但也可能是一个简单酋邦（可能性约为 25%）。在时间次序上，这与将三个头骨作为陪葬品的人或多或少是相吻合的。

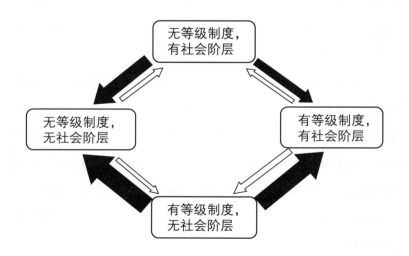

　　既然我们已经看到了政治体制的棘轮效应[①]，那我们不妨来探讨另一个永远不要在餐桌上讨论的话题：宗教。尽管太平洋地区的社群都共同起源于 3 500 年前拉皮塔人的扩张，但他们却发展出了各式各样的宗教习俗。其中一种就是活人献祭。约瑟夫·沃茨和他的同事们在论文中毫无顾忌地指出："献祭的方法包括焚烧、溺死、勒死、棍棒击打、活埋、被新造的独木舟碾压、被砍成碎块，以及从房顶上滚下来然后被斩首。"我的天哪！

　　沃茨和他的同事们在做贝叶斯系统演化分析时，他们根据史料在分支末端插入了两种性状状态：社群等级制的层级，以及他们是否进行过活人献祭。由于他们实际上有三个层次的等级制度，所以需要将模型运行两次：第一次要得到中低层次的等级制度，而第二次要得到中高层次的等级制度。他们的分析是对政治制度变化研究的一个补充。结果显示，活人献祭一定可以让低层次的等级制度跃升到中等层次，然后会帮助它再上一个台阶，达到高层次。宗教最先出现，随后才是等级制社群。这一点似乎与古代瓦努阿图人以三颗头颅作为陪葬品的做法也是一致的。

　　这些研究带来的更广泛的影响其实在于贝叶斯系统演化分析法本身。我们不妨把这个过程想象成装饰圣诞树：取一棵历史语言树，在分支末端"挂"一些文化"装饰品"。通过模拟这棵树的形成过程，我们可以推断出"装饰品"之间的因果关系，或者更好地

---

① 棘轮效应：指人的消费习惯在形成之后有不可逆性，即易于向上调整，而难于向下调整。——译者注

了解这棵树的古老根系。而在下一章中我们会看到，这棵树的复杂程度（即其连续性是通过时间"垂直"延伸还是通过空间"水平"延伸）会对文化进化产生重大的影响。

TRADITIONS AND HORIZONS

6

传统承继与水平联系

20 世纪 80 年代末的一个圣诞节，坐在米德尔顿电影院销售柜台后面的亚历克斯差点儿自焚。那天正在放映的影片是《午夜惊情》，当时亚历克斯不小心碰到了 20 世纪 50 年代的线圈取暖器，然后他的毛衣就着火了。他没有察觉到火焰带来的热量，不过幸运的是，坐在售票处的经理大喊："你身上着火了！"亚历克斯的思维还算敏捷，他想起了自己小时候学过的知识。他马上躺下，在沾满了黄色花生油的地板上打滚，直到火熄灭为止。欢呼的观众们刚一安全就座，经理和亚历克斯就又继续盯着同一面墙看，对阿尔·帕西诺低沉的嗓音无动于衷。

　　《午夜惊情》已经连续放映好几个星期了，所以亚历克斯和他的经理都非常清楚每一个情节。但这并没有让他们对亚历克斯毛衣着火这件事有所防备。我们在第 5 章中已经看到，贝叶斯推理在对可预见的事情进行预测时是非常有用的。它适用于缓慢变化或周期性的环境，或者适用于我们能够针对因果关系提出某种合理假设的情况。人类会本能地这样做，比方说时差反应就是在一个新时区里重建大脑昼夜节律的过程。

我们已经知道，人类大脑每天会收集有关行为模式的短波数据。从贝叶斯法则的角度来说，我们在不断更新自己的"先验分布"，并将其归纳为文化规范。这意味着我们并不会对下面这个结论感到惊讶。据一份权威的科学杂志报道，有一项针对数百万条推文的研究显示，在周末人们会更加开心，而且起床时间往往也更晚。作为贝叶斯式的思考者，我们已经通过大家在工作日的表现预料到这样的结果了，套用贝叶斯法则的说法就是，这些发现几乎不会更新我们的先验分布。不过，推特分析法却给某种未来的算法提供了同一条涉及集体行为的基准线，只不过还没有一个人能说清具体的规模。有了这条基准线，你就可以识别异常现象。

布里斯托大学的内洛·克里斯蒂亚尼尼和他的团队使用大量的推文和其他媒体内容，对类似削减开支或英国脱欧这样的特定事件之后公众情绪的波动进行了监测。他们还对公众情绪的季节性变化进行了监测。结果发现，尤其在冬季，维基百科上的心理健康查询往往会随着负面广告的出现而出现。克里斯蒂亚尼尼说，人们倾向于用"就这样吗？我们早就知道了！"这样的话来回应他们的发现。这对他来讲已经足够了，因为他的目标就是量化人类集体行为的规律。

在这些规律中，有很多都是经历了数百年或数千年仍然存在的。在设法确定这期间发生了什么变化时，可以考虑文化传播的两种"形态"，即垂直和水平，这是很有帮助的。上述两种传播类型最终的结果就是考古学家所说的传统承继与水平联系。传统承继以一种深而窄的方式呈现，历经许多代相关人士的传承，而且这些人通常居住在相对较小的区域中。而水平联系则是浅而宽的，可以覆盖更大区域内的更多人。今天，正是因为有了网络媒体，水平联系才可以轻易地延伸到世界各地。有时，传统承继中的某个部分会突然演变成水平联系，就像1976年，沃尔特·墨菲改编的贝多芬《C小调第五交响曲》的迪斯科版本占据流行歌曲排行榜榜首长达一周的时间。水平联系往往昙花一现，而传统承继则再次占据上风。例如，很少有人会记得墨菲的那首改编的曲子。经过修正之后，水平联系消失了，而传统承继得以延续。

　　让我们用一个相当鲜为人知的例子来对所有这些结论进行量化。在苏格兰的高地上，有一项悠久的传统，那就是攀登一群被雾气笼罩的叫蒙罗丘的小山。这样的山大约有280座，而且海拔都超过了3 000英尺，世世代代的人们以徒步攀登过每一座蒙罗丘为自己的"终极"目标。那些完成者的名字会光荣地出现在由苏格兰登山协会负责维护的名单中。累积的完成者数量一直在稳步增长。在这项传统的影响下，每年都会增加约200名攀登者。然而，在这个传统中，出现了风行一时的（即水平联系）"终极蒙罗丘"，这是苏格兰的另外一些比较陡峭的山，距离最近的公路往往有几英里^①远，如果你从山上掉下来，很可能会倒地不起，只能孤零零地在一片湿

---

①　1英里 ≈ 1.609 3 千米。——编者注

软的泥土沼泽中挣扎。你可以从图中看出，在 20 世纪 80 年代和 90
年代，尽管"终极蒙罗丘"的风潮起起伏伏，但攀登蒙罗丘这项主
要的传统却在年复一年地稳步发展。

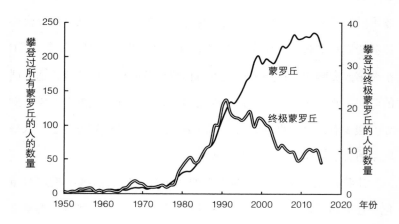

利用这张反映传统承继和水平联系以及二者间差异的简图，我
们不妨再深入地探索一些在世界各地从根深蒂固的传统行为中产生
的存在时间更长的水平联系，首先从饮食讲起，然后是两性关系和
慈善捐赠。

饮食

饮食传统往往与语言一样，具有很强的适应性，通常会随着迁
徙而发生改变，因为它是人们从家庭中习得的，是群体特征的一部

分。例如，大约 1 000 年前，在距离莫桑比克海岸几百英里的科摩罗群岛上，从东北方向跋涉 6 000 英里来到这里的南岛语族移民不仅带来了他们在原住地吃的绿豆和亚洲稻米，还在接下来的几个世纪中保留了这种偏好，跨越了与种植小米和高粱的非洲大陆人之间的"食物壁垒"。

这听起来好像是说人口流动导致传统承继逐渐变成了水平联系，但事实并非如此。其实正是因为人们的迁移，而且这种迁移有时会跨越相当长的距离，才使得人们即便住在其他族群附近并与异族通婚，也仍然可以世世代代保持自己独特的饮食传统。例如，2005年，在"卡特里娜"飓风过后，25 万新奥尔良居民搬到了休斯敦。不久之后，路易斯安那州克里奥尔人常吃的一种食物——熏猪肉香肠开始出现在全城的市场上。早些时候，在休斯敦也出现过同样的情况：当时，大批越南难民涌入，并带来了他们原住地的习俗和食物。

尽管这只是一些饮食传统，但如果深入研究世界各地饮食传统的多样性，我们就会发现糖这种产品正在推动一种新水平联系的形成。大约 8 000 年前，甘蔗首次在新几内亚被驯化，此后种植甘蔗的传统一直延续了几千年。在大约 3 500 年前，甘蔗随着南岛语族的航海者被扩散到了太平洋和印度洋。到了 13 世纪，在印度、中国、波斯和地中海先后出现了精制糖。15 世纪，葡萄牙商人在马德拉岛上设立了几座大型的炼糖厂。后来克里斯托弗·哥伦布娶了马德拉糖商的女儿，而到了 17 世纪，在欧洲销售精制糖所获得的利润推动了加勒比海地区和巴西的奴隶买卖和种植园经济。

在英国，糖业是在布里斯托尔、伦敦和利物浦迅速发展起来的。到了 19 世纪中期，一流的制糖公司每周都要生产数千吨的糖。由于布里斯托尔早在 17 世纪早期就参与了西印度群岛的食糖贸易，所以奴隶制在这项贸易中不可或缺，以至于在 1833 年不列颠废除奴隶制后，布里斯托尔市议会向本地的奴隶主支付了 158 000 英镑（现约合 2 000 万美元）作为补偿。如今，富丽堂皇的砂岩宅邸（以前是家庭制糖厂）和伦敦的泰特美术馆（其创始人亨利·泰特就是靠制糖起家的）仍然在无声无息地展现着过去的辉煌。

此后发生的一切都可以被认为是饮食变化中的水平联系。目前，在西方人摄入的总热量中，有 15% 来自糖，制糖所用的甘蔗和甜菜已经成为全世界耕种面积排名第 7 的作物。而就在 300 年前，糖还不是人们饮食中主要的热量来源。如此大规模的饮食变化还从来没有在这么短的时间内发生过。在人类对碳水化合物的消耗中，上一次可与之相比的变化是在新石器时代向乳制品的转变，但这种转变经历了数千年才完成。乳糖耐受基因有足够的时间通过自然选择在早期食用乳制品的群体中传播。然而，精制糖入侵饮食的时间却相对较短，人体还没有这方面的适应能力。精制糖可能会和酒精一样具有毒性。喝下一罐可乐相当于将 10 茶匙的糖注入你体内，（但愿）胰腺会分泌胰岛素，从而让肝脏将飙升的血糖转化为糖原。

我们在世界各国都可以看到，精制糖市场正在推动着 2 型糖尿病和冠心病患者的快速增长，从统计数据来看，食糖消费量的每一次增长都会导致肥胖率的上升。美国人的胰岛素释放量只用了 25 年就翻了一番。1990 年，在一个典型的美国的州中，肥胖人群大约占 11%，而且没有一个州的肥胖率超过 15%。到了 2014 年，单个州的肥胖率就增长了近两倍，而且没有一个州的肥胖率低于 20%。

在 1990 年还发生了另一件事：肥胖率与中等家庭的收入开始呈负相关。这意味着贫困家庭的平均肥胖率要高于富裕家庭。1990 年，这二者间的相关性还并不显著，此后就开始逐年稳步增强。到 2015 年，这种相关性比以往任何时候都强。在中等家庭年收入低于 4.5 万美元的州（比如亚拉巴马、密西西比和西弗吉尼亚），肥胖率超过了 35%；而在中等家庭年收入超过 6.5 万美元的州（比如科罗拉多、马萨诸塞和加利福尼亚），肥胖率只有不到 25%。

尽管这些情况都属于水平联系，但具有讽刺意味的是，精制糖已经成为穷人的一种传统承继。来自肯塔基州杰克逊市的 J.D. 万斯在他的《乡下人的悲歌》一书中写道："奶奶第一次看到妈妈把可乐倒进我的瓶子里时，我才 9 个月大。"万斯贫穷的祖父母从杰克逊市搬到了俄亥俄州的一个钢铁小镇，他在书中描述了以几代人的贫穷为基础的苏格兰-爱尔兰裔美国人的传统承继，他们一开始是佃农，然后成为煤矿工人，又成为工厂工人，最终沦为今天的失业者。除了集体忠诚、家庭、宗教和民族主义的传统，阿巴拉契亚的苏格兰-爱尔兰移民还继承了悲观主义和排外心理。万斯解释说："我们把这种与世隔绝的状态传给了自己的孩子。"

两性关系

让我们把目光从对糖的耐受性转移到对文化的耐受性上来。这个世界似乎已经变得越来越不宽容，高度政治化的社交媒体集团互相抨击，提出越来越没有道理的阴谋论，但正如哈佛大学政治学家南希·罗森布拉姆所说的那样，在现实生活中，每天都能见到的邻居仍然非常宽容，而且乐于合作。政治学家有一种理论，那就是尽管工业革命颠覆了传统的价值体系，但后工业化的世界正朝着理性、宽容和信任的文化价值观方向发展。达米安·拉克是休斯敦大学公共政策学院的研究员，他发现过去 25 年的世界价值观调查[①]结果恰好证实了这一点。这项历时 30 多年的调查每 5 年进行一次，是一个了不起的研究项目，调查人员会与地球上每个可入境国家中的 1 000 人用本国语言进行长时间的访谈，内容涉及宗教、家庭、公民责任和对他人的宽容程度等各个方面。拉克发现，在过去的 25年里，在所有这些价值观念中，对他人的宽容程度发生的改变是最大的，而且是向好的方向发展。

有一个让人印象深刻的例子，那就是在中非和东非接受割礼的女性数量迅速减少。而 10 年前，在中非和东非的大部分地区，每10 位女性中就有 9 位接受了割礼，总人数达到 1 亿。这项传统长期以来一直拥有这样一种文化观念，那就是女性天生的生理机能是

---

① 世界价值观调查始于 1981 年。——编者注

可耻的。在孩童时期频繁遭受割礼的女性必须再次接受手术才能分娩，甚至才被允许性交。到 2015 年，在肯尼亚接受割礼的女性数量已经大幅下降：在 19 岁以下的卡伦津女性中，只有 1/10 的人接受了割礼，而在 45 岁以上的女性中，这一比例高达 90%。不过这种水平联系在各地并不统一：在几内亚、埃及和厄立特里亚，接受割礼的女性的比例仍高于 85%。尽管受害女性的人数在利比里亚南部迅速减少，但在利比里亚北部却并非如此。

　　还有一种理论认为，这种趋向于自我表达、对多样性的包容、世俗化和性别平等的全球性转变受到了结婚率和生育率全面下降的影响。1950 年以来，全球的总生育率从 5% 下降到约 2.5%。而结婚率就下降得更快了。在印度，包办婚姻可以说自公元前 5 世纪印度教兴起以来就一直占比很高，然而如今已经从 1970 年的占印度全部婚姻的一半以上下降到了 2016 年的 1/4。在美国，尽管结婚方式更加多样，政府也一再实施税收减免，但结婚率从 20 世纪中期开始就一直在下降。1960 年，在"沉默的一代"[①] 中，有 2/3 的人结婚；但到了 1980 年，"婴儿潮一代"[②] 中只有一半人结婚；到了 1997 年，"失落的一代"[③] 中仅有 1/3 的人结婚；而到了 2015 年，只有 1/4 的

----

① 沉默的一代，指出生在 20 世纪 20 年代中期到 40 年代初期的美国人。由于经济大萧条和二战造成的低生育率，这一代的人口数量锐减。——译者注

② 婴儿潮一代，指二战后随之而来的生育大潮中出生的一代人，通常是 1945—1960 年出生的人。——译者注

③ 失落的一代，指 20 世纪 60 年代末到 70 年代中期出生的一代人。——译者注

"千禧一代"①结婚，皮尤研究中心甚至预测，有1/4的"千禧一代"可能永远都不会结婚。

结婚率易随时间的推移和与经济情况的改变而改变的特点使得我们对人类生来就崇尚一夫一妻制的观点产生了怀疑。回顾上一章，我们会发现婚姻或许是一种文化适应，而不是人类与生俱来的普遍选择，就像一棵系统发生树上的很多源自同一个根的树枝一样持续存在着。有一种理论认为，一夫一妻制的婚姻是在新石器时代开始广泛流行的，因为它帮助人们挺过了性传播疾病带来的新威胁。事实上，通过考古发现的最古老的核心家族的确来自新石器时代。在第2章中，我们描述了在公元前5000年左右的一次村庄袭击中留下的那些可怕的人类骸骨。在这些骸骨中，我们还发现了一个小团体，这些人独特的同位素显示他们来自另一个村庄，其中包括一名老年女性、一名男性、一名妇女和两名儿童。这名男性很可能是两个孩子的父亲，因为后者继承了他牙齿的某些特征。这会是一个包括奶奶在内的核心家庭吗？很有可能；而在其附近的一处遗址，我们发现了新石器时代被埋葬的四具骸骨，经过古代DNA和同位素分析，证实这是一对父母和被他们抱着的孩子。

---

① 千禧一代，指20世纪90年代初期出生，21世纪初期进入成人期的一代人。——译者注

　　如果一夫一妻制和核心家庭从来都不是世界上各类社群的普遍选择，而是一种适应性的文化传统，那么它们从诞生时起就需要得到积极主动的维护。一项针对 Y 染色体数据的研究显示，在父系制度已经延续了几千年之久的欧洲，过去 400 年里每一代人的偶外亲权（即出轨）的比例平均只有 1% ~ 2%。同样，在马里进行的基因检测结果显示，多贡人的偶外亲权率仅为 1% ~ 3%。多贡女性认为经血是危险和不洁的，对于她们来说，一夫一妻制是通过每月在一个单独的月经屋里度过几个不舒服的夜晚来保证的。女性生完孩子后，就必须重新回到月经屋，而丈夫的父系世系群则确保她只与丈夫发生性关系。

　　婚姻的经济性可以解释产生这种变化的原因。在对 2002 年乌干达人口普查结果进行分析后，进化人类学家托马斯·波莱和丹尼尔·内特尔发现了这样一种供求效应，那就是一夫多妻制婚姻在女性多于男性的地区更为普遍。他们还发现，一夫多妻制家庭中的男性比一夫一妻制家庭中的男性拥有更多的土地。在农耕和游牧社会，更多的土地就意味着这些家庭需要更多的孩子提供免费劳动，而且孩子被看作财富。

然而在富裕的发达国家，家庭经济状况完全相反，生育率却在不断下降。因为在知识经济中，孩子越少就意味着可以投入到他们的教育当中的财富越多。在这样一个 4 年的大学费用都可以买一栋房子，而且许多顶尖的工作都需要附加研究生培训经历的时代，最合算的选择可能就是根本不要孩子。从你身旁以每小时 85 英里的速度驶过的那辆奔驰 SL 跑车上的"丁克"车尾贴就很好地概括了这种现象：双份收入，没有孩子。对于签订短期劳动合同、和父母一起住在类似宿舍的复合式住宅中的千禧一代，以及有长期工作、所拥有的房屋价值从 20 世纪 70 年代以来已经上涨了 20 倍的婴儿潮一代来说，只要对比一下这两代人的家庭经济状况，我们就会发现结婚率的下降是说得通的。

慈善捐赠

与千禧一代有关的另一个趋势（事实上这样说并不公平）是懒人行动主义，国际慈善机构通常用这个词来表示对于新潮项目轻率浅薄的在线支持。例如，在 2010 年的"拯救达尔富尔"运动中，尽管有 100 万左右的脸书用户为这个活动点赞，但 99% 以上的用户都没有捐款。有些人担心懒人行动主义会威胁慈善捐赠这项悠久的传统。不过在 2014 年，他们或许看到了一个转折点，当时人们在"冰桶挑战"话题中，发布把一桶冰水倒在自己头上的视频，以支持肌萎缩侧索硬化症（ALS）的防治工作。尽管查理·辛把一桶钱倒在自己身上，而且 YouTube 视频网站的一位部长还声称这个话题暗中参照了《启示录》中的反基督者，但普通人还是通过网络或者用智能手机进行了捐款。和我们之前提到的"终极蒙罗丘"或一场众所周知的自然灾害之后的慈善捐赠一样，"冰桶挑战"捐款活动也是一次善心善举的集中爆发，人们的热情在几个月之内就减退了。

"冰桶挑战"活动取得了巨大的成功，最终为 ALS 协会筹集了超过 2 亿美元的资金，而且事实上，在这笔钱的资助下，科学家的确发现了 ALS 的致病基因，并在 2016 年发表于《自然遗传学》杂志的论文中对"冰桶挑战"活动表达了感谢。然而，如果"冰桶挑战"成为新的典范，那么它将带来一个挑战。慈善家约翰·D.洛克菲勒希望捐助者能持续参与，并认为他们应当"把这当成自己的事情"，保持"密切的关注和合作"。洛克菲勒的目标是建立一项慈善事业的传统承继。然而，"冰桶挑战"却激发了一种水平联系模式，即慈善机构必须要不断设计能够一次性完成的新活动，这些活动不会成为传统，而是会作为一种公认的趋势迅速传播开来。

不过，听起来这么简单，为什么不奏效呢？事实上，"冰桶挑战"的衍生项目（比方说动物收容所的老鼠桶挑战，就是将老鼠形状的玩具扔到猫身上）远没有那么成功。与传承了几代人的持续性的传统捐赠不同，"冰桶挑战"模式或许会让两次大型集中捐赠之间长期的资金短缺状况成为常态。

与此同时，流传至今的慈善传统似乎还和以往一样富有活力。我们要感谢"千禧一代"，他们并不是懒人行动主义者。要知道，自 1989 年以来，参加志愿服务的美国青少年人数翻了一番。在北美洲有成千上万的家族基金会，在数量上比 1980 年多了两倍，所拥有的总资产共计数千亿美元，它们每年都会向慈善机构捐赠数百亿美元，而且严格遵循传统，甚至在 2008 年金融危机后的第一年，它们的捐赠总量仅减少了 4%。这项传统也存在于基金会之外。截至 2015 年，美国人共捐赠了 3 590 亿美元，人均超过 1 000 美元。即使考虑到通货膨胀因素，慈善捐赠的规模自 20 世纪 60 年代末以来也已经扩大了两倍。美国慈善机构的传统本质也表现在对不同类别项目的持续捐赠上。从已掌握的详细记录来看，至少在过去 50 年里，宗教一直都是最主要的慈善捐赠对象，其获得的捐赠遥遥领先于其他类别。

当然，宗教是传统承继的鼻祖。尽管有人不这么认为，但宗教传统的确存在。从世界价值观调查的数据中，拉克发现，在过去的 25 年里，"宗教性"只是出现了几乎微不足道的缓慢下降。尽管教育很可能在未来 10 年内超越宗教，成为受捐赠最多的类别，但在过去的半个世纪，美国慈善机构对每一个主要类别的捐赠都在增长。这是一种倍增式增长，而且"富者只会更富"，也就是说，如果宗教团体和教育机构第一年得到的捐赠越多，那么第二年得到的捐赠就越多。与水平联系不同的是，传统承继不会悄无声息地消失。

　　看来洛克菲勒似乎是对的，不过还有一个问题。虽然传统是通过我们认识或者信任的人传承下来的，但我们可能会对这些人失去信任，或者不再关注他们，甚至无法知道他们是谁。除了大家都会想到的假新闻现象（我们后面会讨论），还有一个例子就是2015—2016学年在美国各地发生的大学生抗议活动。结果，一些老校友大幅减少了对母校的捐赠，原因是他们认为身份政治正在阻碍教育的稳固发展。阿默斯特学院的一位77岁的老校友感觉自己"被当成一个顽固的白人老头而遭到无视"，于是停止了常规的捐赠。2015年秋天，迈克在密苏里大学文理学院担任院长，当时有几位主要的捐赠者告诉他，他们将停止捐款，原因是愈发失控的学生抗议活动和在他们看来学校对学生的百般娇纵，事件起因是一位老师在打了学生一拳后并没有因此被解雇（最终还是被解雇了），接着足球队在一场全美电视转播赛前几天突然宣布退赛以示抗议，使得政治正确性突然占据了上风。在东海岸，一位富有的耶鲁校友在看到一段广为传播的视频后，重新考虑了自己（数额可观）的定期捐赠，在这段视频中，一名学生朝着自己所在的住宿学院的院长大吼大叫，而后者和他的妻子最终放弃了"宿舍管理者"的工作。这位耶鲁大学的教授正是我们将在下一章中讲到的研究人际关系网的科学家尼古拉斯·克里斯塔基斯。让我们翻到下一章去一探究竟吧。

NETWORKS

7
网络

在一个漫长的夜晚，米德尔顿电影院正在放映《老板度假去》（直译为"在伯尼家度过的周末"），经理告诉亚历克斯，如果有人打来电话问正在放映什么影片，对方每问一次，他都要告诉对方一个新的电影名。第一通电话是这样的：

"今晚放映什么影片？"

"我们将在 7:30 和 9:45 放映《在弗雷德家度过的周末》。"

（停顿了一下）来电者又问："什么电影？"

"在内德家度过的周末。"

尽管对方的声音越来越大，但在经理的监督下，亚历克斯继续说："等等，是《在杰德家度过的周末》。"然后停顿了一下，说，"等一下，不好意思，是《在泽德家度过的周末》。"

最终，来电者的声音变得非常大，然后"啪"的一声挂了电话。满脸通红的亚历克斯盯着无声的听筒看了一会儿。

　　"干得不错！"经理说，"太好笑了！现在让我们回到正常状态。你永远不知道杰瑞（地区主管）会在什么时候打电话来测试我们。"

　　这是一个体现简单指挥链产生影响的例子，在这个指挥链中，亚历克斯为经理工作，而经理为杰瑞工作。这样的支配等级对于群居的灵长目动物来说是相当正常的。灵长目动物学家琼·西尔克曾写道："弱者常常被强者利用，从而形成强大的联盟和持久的关系；王朝因此建立，但偶尔也会被推翻。"珍妮·古道尔在过去30年里一直在坦桑尼亚的贡贝国家公园工作，她观察到雄性黑猩猩会为了地位展开竞争，或者与地位高的雄性结盟。地位高就意味着优先获得交配机会。同时也意味着你可以完全阻止地位较低的雄性交配。而另一方面，雌性则拥有更稳定的统治关系，而且往往年龄越大，地位也就越高，因此不会有那么多次的翻转。女儿的地位通常都低于自己的母亲。

　　统治关系的翻转是人类戏剧的本质。在莎士比亚的《奥赛罗》中，伊阿古抱怨道："升迁要看关系，而并不依据旧时的等级依次递补。"不过，统治关系网络只是人类社会中众多规模各异且有影响力的网络中的一种。所有人在自己的社交网络中都有内部联系人和次要联系人，也就是社会学家所说的强关系和弱关系。我们在第1章中看到，尽管一个哈扎人一生中可能要与大约1 000人打交道，但具有密切的贸易关系的人数要少得多，大概只有 6 个。在一个规模更大的社群中，这些弱关系就变得至关重要，因为在这里交换礼物变得具有了等级制度倾向。在古代，酋长们通过奢华的宴席、暴力或珍贵的礼物来争夺支持者，后来这种方式逐渐发展为遍布古代世界的贸易网络。到了公元前 2000 年，商船在印度洋上来回穿梭，从东亚驶向南欧和非洲。几个世纪后，第一批波利尼西亚人为了交易黑曜石，在南太平洋上航行了数千英里。在近东地区，贸易网络（阿曼的铜、阿富汗的青金石和哈拉帕的蓝色棉布）则成为最早的国家的基础。

贸易网络也体现了从偏远地区到区域性市场，再到大城市的这种地区间的层级结构。在青铜器时代的地中海地区，橄榄油、葡萄酒和鱼露贸易把像锡拉岛这样原本鲜为人知的岛屿变成了海上贸易的重要枢纽，因为这些岛屿与爱琴海的其他港口相比中心性更强。然而，这些枢纽是很脆弱的。如果你的海港由于火山爆发而毁灭（比如公元前 16 世纪在锡拉岛发生的那次），那你就完了。

网络不仅仅是一种空间隐喻，它在人类生活中无处不在，引导着财富和信息的流动，进而决定最终的影响。每个现代组织中都发生着由某些网络结构指导的信息的进化。在整个人类文化中，大多数家庭都有自己固有的等级制度，并通过一起吃饭这样的日常仪式来强化这种制度。等级制度可以有效地将专业信息汇集到社群当中。

乔·亨里奇和詹姆斯·布罗什来到南太平洋上秀丽的亚萨瓦群

岛，并让那里的人们指明村子里在特定知识领域（比如药用植物、捕鱼或山药种植等）的专家。他们把每个人都用一个节点来表示，然后画一个箭头指向这个人选定的专家。他们画的每一张网络图都像带有枢纽的贸易网络一样，呈现中心辐射模式。下面这张图展示的是他们为山药种植专家构建的网络，节点的大小与选择这个人作为榜样的个体数量成正比。不同的形状代表来自不同村子的人。

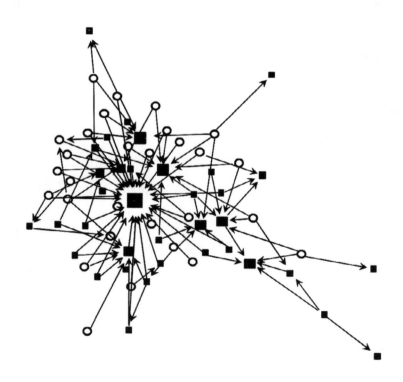

电子网络

　　中心辐射式的层级结构是包括早期互联网在内的多种形式的网络成长产生的自然结果。20 世纪 90 年代末，在网络科学家的见证下，互联网演化为一种简洁的层级化形式，其中大多数的超链接都指向少数几个网站，而大多数网站链接很少。在没有外部设计的情况下，万维网变得有点儿像航线网络，当中的枢纽可以让任意两个站点仅通过十几次的点击就连接起来。

　　某些平台的在线社交网络也是以这种方式发展的，而其他平台就不是这样了。这取决于你是在它身上真正投入了时间，还是仅仅把它伪装成网站的样子。正如我们在第 1 章中看到的那样，美国青少年平均每人只有大约 150 位脸书好友，这和罗宾·邓巴提出的平均一个人拥有的社交关系的稳定数量是一致的。现实中的朋友或者脸书好友的数量分布遵循正态分布。

　　与真实的人际关系相比，推特表现出了与好友数量成比例的优势，而且并没有特征性的平均值。你拥有的推特粉丝越多，在未来获得的好处就越多，也几乎不受任何约束。凯蒂·佩里有超过 9 000万的粉丝，但她自己只关注了 170 个人。和互联网一样，推特上每位用户的粉丝数量也已经呈现了高度层次化的分布。而每个网站的链接数、每位推特用户的粉丝数，或者每个科学家的引文数同样也满足这种被称为"对数正态分布"的分布形式。

　　甚至连互联网的网络也逐渐具有了层次性。不妨试试下面这个游戏。在维基百科上任选一个主题进行查询，然后点击该主题的维基百科条目中第一个超链接词。点击几次之后，你就会进入与哲学有关的条目。例如，我们可以从"科米蛙"的维基百科页面开始，这个页面上的第一个超链接词是"木偶"，在"木偶"的页面上，第一个超链接词是"演员阵容"，然后，页面上的第一个超链接词依次是"演职人员"、"演员"、"角色"、"表现"、"语义学"、"语言学"、"科学"和"知识"。再经过几个步骤，就能进入维基百科"哲学"系列中的"逻辑"条目。由于所有的路径最终都会指向哲学，因此我们可以说它对巨大的知识树有着间接的影响。

然而在网上，人们关注的不是只有维基百科。当每个人都自称某方面的专家时，大家其实很难区分假新闻和真新闻、科学权威和政治权威，以及已完成的事业和专业名人。许多人因此指责社交媒体，因为在那里人人都有发言权，使原本层次化的信息网络变得扁平，陷入了既孤岛化又全球化的自相矛盾的状态。

在脸书、色拉布这样的社交关系媒体与博客、推特等粉丝传播平台之间，有一个重要的区别。一个只有少数几个直接关注者的推特账户可以成功地向上千位用户提供信息。聪明的博主会与来自人类及其聊天机器人的所有内容展开竞争（这样做的重要性我们到第9章再讨论），他们知道如何给自己有限的直接影响力搭建支架，将其引到主流媒体上。一位知名的政治博客博主让自己的话题标签先是被德拉吉报道①关注，然后被福克斯新闻台②提到，接着又有幸被美国有线电视新闻网选为讨论话题，2016 年他在接受采访时透露了自己的策略。换句话说，他自己并不需要上百万的粉丝，只需要纽约大学的研究人员弗拉维亚诺·莫罗内和埃尔南·马克塞所说的"群体影响力"，最终让少数几位直接关注者将信息传递给数千人。

群体影响力不仅与可以建立联系的好友数量有关，还与粉丝的粉丝数量、粉丝的粉丝的粉丝数量等有关。从节点连接的角度来说，它充分体现了真正有影响力的人几乎可以是隐形的。我们不妨以一家大公司为例。2001 年，总部位于休斯敦的安然公司因内部腐败而破产，在 156 名员工的 50 万封电子邮件中，安然公司的两位高层杰夫·斯基林和肯·莱在节点度或者网页排名上都没能占据信息网络的显要地位。他们在辩词中提到了拥有群体影响力而没有保持密切联系的主张。2006 年，在安然公司案件审理期间，肯·莱告诉检察官，他只参加了一部分重要决策，而且是在"能联系上我的情况下进行的。很多时候我都在旅行，那时他们就只能继续干下去，有点为所欲为的意思"。我们都知道，这种"隐形"辩护最终惨遭失败。两人都被判有罪，其中斯基林要在美国联邦监狱服刑 24 年（后减为 14 年）。而莱在宣判前 3 个月就死了。

10 年之后，不法在线网络并不一定要通过网络结构来躲避政府部门监管，还可以依靠群体行为。例如，迈阿密大学的网络研究人

① 德拉吉报道：一家美国新闻网站。——编者注
② 福克斯新闻台：一家美国有线电视新闻频道。——编者注

员利用篇章分析对欧洲的社交媒体网站 Kontakte 进行了检查，结果发现了近 200 个来自伊拉克和叙利亚的极端组织"伊斯兰国"，这些组织以 #khilafah 或 #fisyria 这样的话题标签作为标记，关注者总数已经超过了 10 万人。他们还发现，每个群体都会通过消失一段时间，之后再用一个新的名字重生的方式来逃避监管。由于新出现的版本往往比原来的版本更大，所以它们对官方的关停行动产生了适应性，不断重复着获得粉丝、消失然后重生的循环。

这些群体的网络都呈中心辐射，对于粉丝的随机减少往往有较强的承受能力，不过以其连接性最强的节点为目标进行攻击则容易使其遭受损伤。事实上，以群体影响力为目标的攻击效果会更好。我们前面提到的莫罗内和马克塞仅仅移除了 6% 的最有影响力的节点，就将一个推特关系网分裂成孤立且无能的碎片。而要想达到同样的效果，你必须得移除两倍多的高度连接节点。他们的群体影响力算法还可以轻松忽略推特上那些"装作有影响力的人"，因为高连接性比高群体影响力更容易伪装。由此我们可以看出网络世界中用户和监管者之间像猫和老鼠一样的协同进化的新趋势。

但是，由于群体影响力是以层级结构为前提的，因此在破坏高度嵌入的社交网络时就不那么有效了。对于一对节点来说，嵌入性只是他们共同好友的数量。而对于整个网络而言，嵌入性就是所有可能的节点对的平均共同好友数量。和层级结构不同的是，嵌入式网络有多种不同的路径：就算你切断了我和你的联系，我还可以通过我们的共同好友联系到你。而我们的朋友的朋友也会通过我们保持密切的联系。

如果安然公司的斯基林和莱都有脸书账号的话，也许我们可以通过一种简单的算法来找到与他们有特殊业务关系的人。脸书的研究人员通过将嵌入性与另一种被称为"分散性"的指标进行比较，识别出网络中关系特殊的联系人。分散性是指在某对联系人的共同好友中，只能通过这对联系人才能联系到的好友数量。比方说有一对新人，如果新郎与新娘各自的家人只能通过这对夫妇相互认识的话，那么他们夫妻俩就具有高嵌入性和高分散性。事实上，仅通过这两个指标（嵌入性和分散性），找出某位社交媒体用户配偶的概率差不多有 2/3，而将亲密的家庭成员与朋友区分开来的概率大约是 3/4。根据嵌入性与分散性之间相对关系的变化，甚至可以预测合作伙伴分道扬镳的概率。

层次化网络很擅长对信息进行分类，而像小群组这样的非层次化网络则会为大规模的群体提供信息，并促进信息的随机漂变。漂变会导致假新闻和阴谋论。嵌入性很高的社交网络由于过滤信息的能力差，也为信息通过冗余不加选择的恣意传播提供了方便。人们在真正接收某个观点之前，常常需要听上好几遍信息，或者至少感觉自己的大多数朋友已经接受了这个观点。这就是弹出的"有 18 人正在浏览这家酒店"的信息想要带给你的感觉。

研究人员向 6 000 万脸书用户展示了两种不同的邀请人们参与投票的横幅广告，从而对这种网络从众行为进行了量化。其中一个版本的广告会显示他们所有已经参与投票的好友，而另一个版本尽管内容一样，但不会显示任何已经参与投票的好友。令人惊讶的是，这种社交"推动"并没有起到多大的作用。从点击"我投票"的人数来看，显示好友的广告投票人数仅比不显示好友的广告高2%。而在一系列研究当中，其他推动措施也很少能使反馈率提高10%以上，提升幅度通常都很小。

不过，改变实际的社交网络就可以促进思想的传播。我们从一款在同一个网络当中有多对玩家参与的在线创新游戏中就可以看出这一点。在每一轮游戏中，随机连接的两名玩家会看到某个物体的图像，然后被要求各自给这个物体起个名字。如果他们给出的两个名字基本一致，那么这对搭档就得分了。在接下来的一轮游戏中，每个人都会与网络当中的新搭档合作。由于玩家会看到他们所在的网络中哪些名字能够得分，所以通常会选择那些成功得分的名字。在一个嵌入性很高的网络中，如果每次配对都只能选择邻近的人，那么几轮游戏之后，网络中就会开始流行不同的名字。然而，如果是随机配对的话（实际上就是一个非层次化的整体网络），最终只会有一个名字席卷整个人群，击败所有变体。

从随机网络中得到的经验就是，席卷整个人群的想法并没有什么特别之处，任何想法都可以在下一轮游戏中获胜。此外，影响力的来源（也就是第一个想出能够得分的名字的人）可以是任何人。如果这听起来像网络模因，那就对了。多年以来，微软公司的邓肯·沃茨已经在实验和模型中表明：如果人们主要基于从众心理而做出决定的话，那么一次随机的创新偶尔也会像让人始料不及的野火一样席卷整个社交网络。

临界规模效应还意味着消极的懒人行动主义者并非一无是处。无论是在网上还是在现实中，懒人行动主义者都促进了新事物的传播。他们如果不主动去了解的话，往往都是从别人那里听到新事物的。麻省理工学院的社会学家发现，在印度的农村地区，"被动参与者"实际上对于一个村能否接受小额贷款是至关重要的，即便是在村长支持并亲自向村里的妇女们推广小额贷款的情况下也是一样。

影响力与同质性

对于网络的研究虽然已经持续了80年，但直到最近才在社会科学领域中占得一席之地。仅仅几代之内，"行为科学"就已经从古典理性的全知行动者转变为有缺陷的行为经济战略家，以及网络科学界的交际花。尼古拉斯·克里斯塔基斯和詹姆斯·富勒在他们的《大连接》一书中提出，不管是快乐还是停不下来的笑，都是通过社会影响力传播的。他们最重要的主张就是肥胖也是通过这种方式传播的。克里斯塔基斯曾在一次 TED 演讲中暗示，变胖的人要承担影响别人并促使他们变胖的责任。

但如果这根本不是影响力导致的呢？克里斯塔基斯和富勒指出，如果一个人的某位朋友肥胖，那么这个人肥胖的概率会增加57%，但这是否意味着他们一定互相影响了呢？如果他们生活在同一个社区，可选择的食物都是完全一样的快餐呢？志趣相投的人聚集在一起就叫同质性。如果人们只是通过极化的社交媒体网络和个性化的新闻推送自发聚集到由想法一致的人组成的"回音室"里呢？在数字化市场中，广告商会将特定类型的客户作为目标受众，而不是向所有人散布同样的信息。在学术界，研究之门[1]和 Academia.com[2] 会将研究人员推荐给志同道合的同行，将网络中学术兴趣类似的人聚集在一起，而且在这个过程中不一定会涉及影响力。在商界，领英[3] 的建立也是为了达到类似的目的，那就是聚集人，而不是影响人。

通常，如果我们只有一个静态网络的话，那将永远无法把真正的影响力和同质性区分开。我们需要观察那些真正相互影响的人，而不是那些只是聚集在同一个社交网络中的人。锡南·阿拉尔在几年前做的研究是该领域中最出色的一项，他从一个由 2 700 万社交媒体好友组成的网络上获得带有时间戳的数据，这些人的共同点是他们都从雅虎下载了一款名叫"Go"的即时通信软件。阿拉尔和他的同事将"Go"在该网络中的普及程度与时间的关系绘制成图表，并结合用户的特征，将其受相似偏好以及社会影响的情况区分开，结果发现因影响力和同质性而选择"Go"的用户大约各占一半。

然而，为了真正确认影响力的存在，最可靠的标准还是实时观察。我们不妨再次将目光投向黑猩猩。在乌干达的布东戈丛林，人

---

[1] 研究之门：全球性的科学研究互动平台。——译者注
[2] Academia.com：一家专门供科研人员使用的学术型社交网站。——译者注
[3] 领英：全球最大的职业社交网站。——译者注

们从 1990 年起就开始对松索这个地方的黑猩猩族群进行研究，由于这些黑猩猩经常利用树叶来收集水，所以灵长目动物学家就认为这是它们普遍的行为。然而在 2011 年 11 月 14 日，一只在群体中地位最高的雄性黑猩猩用苔藓制作了一块海绵，并用它从一个水坑里取出了水。它在发明这项新技术的时候，被一只在群体中占主导地位的雌性看到。而在接下来的 6 天里，族群当中又有 7 只黑猩猩制作并使用了苔藓海绵。灵长目动物学家凯瑟琳·郝伯特拍摄了整个过程，并和同事们绘制了一张网络图，用箭头代表一只黑猩猩观察到另一只黑猩猩在进行某种行为，同时注明每只黑猩猩接受这种新行为的时间。在由每只黑猩猩从直接观察另一只黑猩猩使用苔藓海绵到效仿所用的时间构成的网络中，可以清楚地看到社会影响力的存在。

实时分析曾经是大量观察法中缺失的要素。很快，识别真正的社会影响的任务就会容易得多。韦德兰·塞卡拉和他在丹麦的同事们从微观角度着手，通过 100 名大学新生手机上的蓝牙对他们进行追踪，蓝牙能反映出相距 10 米以内的用户间的物理接近度。数据显示，平日里在同一个地方（比如教室）见面的人在周末也会一起进行娱乐性的探险活动。这并没有什么值得大惊小怪的，不过要是每 5 分钟更新一次他们的定位数据，情况就会明朗一点（或者说更离奇，这取决于你的看法）：从表明人们一度在同一地点出现的蓝牙数据中，能找到一些会面时间虽短但可识别的团队。在每个团队中，某些核心成员参加了全部或大部分（75% 或以上）的会面，而其他成员只是偶尔参加（参加的次数往往不超过总数的 10%）。

所以现在要分析的不仅仅有网络，还有网络中的变化。塞卡拉的团队需要预测的就是，如果一个团队的两位核心成员离得很近，那么他们马上就会见面；而且，越临近见面的时间，核心成员之间短信和电话的交流就越频繁，这样研究人员就可以据此预测会面的时间。除此之外，我们还能预测点儿别的吗？比方说，这是战斗而不是和谈。我们将在第 10 章讨论这个问题，不过让我们先看看一般性的预测。

HINDSIGHTED

8

后见之明

据亚历克斯和他的经理所知，米德尔顿电影院的所有者是住在密尔沃基的一个人。考虑到电影院从没进行过翻新，甚至连临时性的维修也没做过的情况，这个人显然只是把电影院当作抵税项目。尽管他们俩从来没有见过老板，但地区主管杰瑞却经常不请自来。每当听到他突然来访的消息，经理都会放下手头的工作，把亚历克斯从凳子上拉起来，塞给他一把扫帚，大喊道："杰瑞来了！"这位曾是陆军二等兵的经理虽然以前常常告诫亚历克斯要时刻准备，但频繁的突击检查显然已经让经理神经错乱了。所以在整个米德尔顿电影院，都没人再提做好准备的事了。

　　说到毫无准备，2016 年可以说是相当难以预测的一年。你可能已经注意到这一点了。想想看，在 2016 年 6 月 24 日，当公投结果显示 52% 的英国人对脱欧投了赞成票时，英国政府中很少有人（如果有的话）为此做好了准备。更确切地说，他们感到震惊，因为几乎所有的民意调查都显示，英国会安然无恙地留在欧盟。据报道，一位支持脱欧的国会议员说："脱欧运动还没有一个脱欧之后的计划。政府本应该有计划的。"这位议员说得没错：位于唐宁街 10 号的首相官邸除了宣布首相将立即递交辞呈外，没有任何计划。尽管这算不上什么好的"计划"，但在每次选举前的民调都显示脱欧战略将会失败的情况下，又何必要做那么多的计划呢？

与此同时，在美国，各大主流媒体都在忙着利用每一次总统选举的民调结果对 11 月的总统大选做出尽量精确的预测，但最终都宣告失败。大多数预测都认为，唐纳德·特朗普获胜的概率不到 15%，包括《赫芬顿邮报》在内的多家机构认为他获胜的概率不超过 5%。而在 2012 年对所有 50 个州的投票情况做出准确预测的 FiveThirtyEight[1] 创始人纳特·西尔弗来说，尽管他的表现比大多数人都要好，但直到 2016 年大选前夕，他还是认为希拉里·克林顿会以 65% 对 35% 的胜率遥遥领先。在 11 月 5 日，也就是大选前 3 天，支持希拉里的《赫芬顿邮报》宣称："如果你愿意相信数字，那么大可放心。她已经赢了。"呃，赢了吗？大选结束后，每个人都在问"科学"怎么会错得如此离谱。包括 FiveThirtyEight 在内的大型民调对于特朗普表现的预测，怎么会在 30 多个州都出现了一个百分点或以上的偏差呢？

在所有数据驱动的可能性中，电影制作人迈克尔·摩尔在 2016 年 7 月发表的文章中预言"唐纳德·J. 特朗普将在 11 月获胜"。他在文章中论述了自己的推理，提到了在美国的旧工业区被忽视的工

---

[1] FiveThirtyEight：也叫 538，是一家专注民意调查分析、政治、经济与体育的网站。——译者注

人阶级群体、精英政治家以及其他原因，而这与导致英国脱欧的因素是类似的。摩尔的预测正是基于他对因果关系的定性分析而做出的，但这在很多大数据分析师看来是不合时宜的。纽约市前首席分析官迈克·弗劳尔斯在 2011 年曾说过一句名言："我们要解决实际的问题。坦白地说，我现在不能分心，去想因果关系之类的其他事情。"我想我们已经清楚他的立场了。

预测过去

我们是怎样走到今天的呢？如果人们在决策时依据的是综合数据，而不是个人经验或因果关系理论，这将会对文化传播产生怎样的影响呢？让我们回到 2009 年，当时谷歌公司的研究人员已经在利用"谷歌趋势"来帮助预测流感爆发的时间、旅行计划和房价了。如果需要对汽车的销量进行预测，他们会用到一个直观的因果模型，即"Ford"（福特）在谷歌中的搜索量每增加 1%，福特汽车的销量就会增长 0.5%。后来，雅虎公司的研究人员发现，对于纳斯达克 100 指数中的某些成分股来说，通常在用户搜索后一天，而且最多不会超过 3 天，这些股票的交易量就会因此发生变化。

由于投资者总是在谈论市场的"情绪"，所以到了平均每天已经有数千万条推文的 2010 年，我们在看到《推特情绪能够预测股市》这样的文章时也并不会感到惊讶。约翰·博伦和他在印第安纳大学的同事对分属 6 个词袋的推特内容进行了研究，这 6 个词袋分别是冷静的、警觉的、肯定的、至关重要的、友好的和快乐的。他们发现在 2008 年 12 月 1 日—19 日这段时间里，如果通过推特上"冷静的"这个词的使用量来预测道琼斯工业平均指数（DJIA）每天的涨跌情况，准确率能达到约 87%。博伦的团队利用了一种叫作格兰杰因果关系分析的统计方法，这种统计方法会告诉你在一个时间序列（比方说推特或者 DJIA）内发生的变化是否总是先于在另一个时间序列内发生的相应变化。如果答案是肯定的，那我们就说前一个序列与另一个序列具有格兰杰因果关系，意思是，尽管 A 先于 B 发生，但不一定导致了 B。虽然在很多情况下，A 很可能确实导致了 B，但这与论证因果关系的过程并不一样。

我们不妨看看另一项研究。这项研究发现，根据"债务"这个词在谷歌中的搜索量（你可以在谷歌趋势上查到）每 3 周的变化情况，就可以预测这 3 周之后道琼斯工业平均指数的走势。如果你在 2004 到 2011 年间把这个规律作为投资策略的话，那么将会获得 300% 的利润。针对这一现象，有人提出了一个看似合理的因果模型，那就是在价格下跌之前会有忧虑期，而人们搜索"债务"的做法就充分体现了这种忧虑。这里用到的分析方法是先找到预测模式，再看因果关系是否合理。受"债务"研究的启发，研究人员又利用维基百科，将大量的单词归入与政治、商业、体育、宗教等主题相关的词袋。他们发现，在 2004 年到 2012 年这段时间，根据政治或商业主题（而不是其他主题）在谷歌的搜索量，原本是可以预测出 5 到 10 周后股市的大幅波动，并为他们赚到一些钱的。

尽管大数据分析师显然乐于用数据驱动的关联性来替代因果关系，但批评者却对这种做法大加指责。有一位在互联网上化名"Lawly Wurm"的评论家对博伦的单词研究尤为不满，他指出为期15个交易日的实验周期有可能是为了让预测效果最大化而精心选择的。此外，86.7% 的准确率意味着只要在15天中有13天猜对抛硬币的结果（即 DJIA 上涨或下跌）就成功了。因此 Lawly Wurm 提出：如果尝试 50 次的话，那么这种情况随机发生的概率大约是 1/6。但如果你利用的是真实的历史数据，而不是模拟数据，又该怎样完成这 50 次实验呢？一种方法是检验多种假设，也就是对不同的单词类别进行分析，然后左右滑动时间窗以捕捉 2008 年最符合预测结果的 15 天。

实时预测比赛

如果事后做出解释是一个难题的话，那为什么不在事件发生期间进行预测呢？在美国的大选之夜，有许多可供你实时跟踪的预测机制。随着选举结果逐渐明朗，在某个著名的"预测仪"上，希拉里的获胜率以稳定的线性形式从最初的 96% 开始缓慢下降，到当天深夜变为 4%，最终在第二天早上降为 0%。在当时，我们把这个过程叫观赛，而非预测。即便如此，现在的体育媒体还是会用他们自己的动态预测图来报道比赛。在 2016 年的大学生橄榄球联赛中，堪萨斯大学队自 1938 年以来首次击败了得克萨斯大学队（这让毕业于得克萨斯大学的迈克非常沮丧），要知道在过去 7 年里，堪萨斯大学队只赢了 4 场大 12 联盟的比赛，而且他们在上一年的赛季中刚刚取得了"完美的"0 胜 12 负的战绩。在首节比赛中，一家著名的体育网站预测得克萨斯大学队的胜率为 96%，后来在比赛还剩最后两分钟，而且得克萨斯大学队领先 3 分的情况下，胜率仍然是 96%。然而，到了加时赛，当堪萨斯大学队准备射进致胜一球时，得克萨斯大学队的胜率突然下降到 6%。考虑到堪萨斯大学队要从得克萨斯队半场 8 码线的位置射门，这仍然是一个很高的百分比。在堪萨斯队完成了决定胜负的射门后，整场比赛结束，得克萨斯队的胜率也降到了 0。看起来这是一次相当稳妥的"预测"。

当一场橄榄球比赛的结果取决于从 8 码线开始的一次射门时，几乎所有人都会做出相同的预测。他们都在观看同一场比赛，而不是在参加比赛。不过，如果他们像股票经纪人那样都亲自参与了自己押注的比赛，预测起来就会困难得多，甚至可以说是完全无法预测。据说尤吉·贝拉曾说过这样的话："没人再去那里了；那里太拥挤了。"经济学家布莱恩·亚瑟在 20 世纪 90 年代建立了经典的"埃尔·法罗尔问题"模型，即每个人都要先对新墨西哥州圣达菲的埃尔·法罗尔酒吧的上座率进行预测，然后再决定要不要去。如果你认为那里的上座率不到 60%，那么你就会去；但如果你认为上座率超过了 60%，那你就会避开人群，待在家里。所以，如果所有人的预测都低于 60%，那他们就都会去；而如果他们认为大家都去了，那么就没有人来了。亚瑟指出，尽管平均到场率收敛于阈值

（在这个例子中就是 60%），但绝不会固定不变，因为每个人都一直在将最新的结果和他们对于其他人的预测结果进行比较。

当然，人类可以通过很多方法找到一个好酒吧，因为我们并不是"埃尔·法罗尔问题"中那些盲目愚钝的个体。我们可以利用很多优秀的算法来解决协调性问题。这些算法可以在机场对我们的行李进行分类，保护我们的信用卡，并帮助我们（当中的一些人）进行网上约会。那些在华尔街大显身手的算法被称为高频交易（HFTs）。有时高频交易会变得过于活跃，缺乏创造力和耐心，给我们带来麻烦。例如，根据美国证券交易委员会的报告，在 2010 年 5 月 6 日美国东部时间下午 2 点 32 分，自动化的高频交易按照程序在 20 分钟内卖出了 7.5 万份电子迷你期货合约，价值约 40 亿美元。从下午 2 点 32 分到 2 点 45 分，其他的高频交易买进了其中很大一部分合约，然后又在 14 秒内（从 2 点 45 分 13 秒到 2 点 45 分 27 秒）交易了其中超过 2.7 万份合约。由于价格在 4 分钟内下跌了 5%，芝加哥商品交易所在 2 点 45 分 28 秒触发了自动熔断机制，尽管交易中断了 5 秒钟，还是没能及时阻止跌势蔓延到纽约，在那里，道琼斯工业平均指数在不到 20 分钟的时间里下跌了近 1 000 点。据报道，宝洁公司的股价从每股 62 美元跌至每股 39 美元，随后恢复正常；埃森哲咨询公司的股价从每股 40 美元跌至每股 1 美分，之后又回升至每股 40 美元。到下午 3 点，"闪电暴跌"结束，道琼斯指数开始回升，尽管到收盘时仅下跌 348 点，但仍然创下了有史以来的单日第二大跌幅。

再也不能让这些讨厌的高频交易处于无人监管的状态了！就像体育比赛和选举一样，每个人都在事后明白发生了什么事但几乎没有人能立即就事件的经过达成一致。不过对于事件发生的惊人速度，大家都没有异议，而且关键事件的时间点都是用毫秒来计算的：据说当天下午连续三次高频交易抛售恰好分别发生在 2 点 42 分过 44.075 秒、48.250 秒和 50.475 秒。羊群效应会出现在金融交易中，而高频交易加速了这一过程，感觉就像我们在快进播放僵尸电影一样。

美国西北大学的一项研究显示，互相发送即时讯息的金融交易员与算法有点儿相似，他们往往会同步进行交易活动，而且与其他交易员同步的交易员越多，他们赚的钱往往就越多。从所有的这些例子中，我们会发现，无论是预测下一刻的情况，还是复制最新的成功，对个人而言，对前一刻做出反应通常都是最佳的短期策略。尽管对于利用欺诈性算法在"闪电暴跌"中赚了 4 000 万美元的伦敦交易员纳威德·辛格·萨劳（后来他承认自己犯了欺诈罪）来说确实是这样，但这对于社群或社会来说并不是一种好的长期策略。如果预测是具有竞争力的，我们大多数人都会输掉，而且随着预测的目光变得越来越短浅，胜利者得到的奖赏也会变得越来越少。

解析集体行为

或许我们应该用大数据来解析集体行为，而不是去预测这种行为。从海量的推特数据中，我们能看出互联网用户常规的生活节奏：睡觉、起床、发牢骚、上下班、接孩子和晚上外出。内洛·克里斯蒂亚尼尼和他在布里斯托大学的团队让一个神经网络接受了在成千上万张存档图片中识别不同种类衣服的训练，这样它就可以区分大衣和夹克，识别 T 恤。他们是怎么做到的呢？步骤就是先把一个规律套用到某个已知的模式上，然后计算这个规律的偏差，并以缩小偏差为目标对规律进行调整，最后把上述过程重复大约 50 万次。后来他们找来了几十万张可公开使用的照片，被拍摄对象是从布鲁克林区街道上的一台网络摄像头前走过的行人，这个神经网络在对这些照片进行分析后发现，大多数人在夏天会穿 T 恤和短裙，在秋天会穿毛衣，而到冬天则穿大衣和夹克。

有人可能忍不住会说："就这些吗？人们在冬天会穿夹克，我们早就知道了。"尽管我们在第 6 章讨论克里斯蒂亚尼尼一些其他的研究成果时就说过类似的话，但这仅仅是个开始。克里斯蒂亚尼尼和他的同事在报告的结尾处写道："不难想象，我们可以创造一种对上百个网络摄像头进行监视的软件基础设施来探测变化、趋势和事件。"这听起来很奇怪，而且让人有非常不祥的感觉，有点像电视剧《疑犯追踪》当中的情节，不过我们在开始发脾气之前，得先认识到一个事实，那就是很多人都自愿报名接受监视。其中一个例子就是"智能家庭"。贾森·斯洛斯伯格以前是位医生，而现在则是林克比公司的首席执行官，这家公司致力于为各家各户安装带有传感器的灯泡，从而对气候、采光和花粉等进行探测，以改善空气质量，提高能源效率，保证家庭安全。不过这个灯泡的功能还远不止如此。通过对比从灯泡传回的包括人们活动情况在内的几组数据，林克比公司希望能推断出居住者的身体状态和精神状态。在一个中央计算中心里，某个神经网络会设法算出你的情绪，或者身体的异常状况，如体温过低、有中风的可能、丧失能力或失去意识。斯洛斯伯格说，当灯泡探测到异常情况时，"智能家庭系统可以联系护理员，提醒他们有人可能需要医疗服务"。

即使你不愿意在家里通过灯泡接受远程监视，你的健康状况也已经通过其他方式处于监控之下了。人们总是会先在谷歌上搜索自己的症状，然后几周或几个月后才去看医生。如果在某个地方，人们在推特中发了很多带有攻击性并且与压力有关的文字，那么这个地方的心脏病发病率通常会更高。宾夕法尼亚大学的研究人员用一些特定的词汇组成了一个与敌意有关的词袋（大部分是令人不快的粗话）和其他一些与技术职业（如会议、职员和理事会）、人际关系紧张（如憎恨和妒忌）、积极体验（如绝妙的、希望和精彩的）以及乐观情绪（如战胜、力量和信念）相关的词袋。在以美国各县为单位对这些词进行统计后，他们发现在推特内容与技术职业、积极体验或乐观情绪有关的县，动脉粥样硬化性心脏病的发病率很低。推特用词对心脏病的预测效果实际上和标准的风险因素（如吸烟、高血压或肥胖）一样好，甚至可以说要更好。

在这些预测当中，很多都是短期的，就像我们在第 6 章中谈到的水平联系一样。那么长期的传统承继呢？从推特数据中，我们也

在整个铁锈地带 ① 和阿巴拉契亚地区发现了人际关系紧张与动脉粥样硬化之间由来已久的关联。这表明我们可以在长期经济状况和词语使用间寻找某种联系。或许在全美范围内，一代人在情绪词汇的使用上也会相应地产生偏差。毕竟，我们曾经历过被称为"快乐的 90 年代" ② "大萧条""华丽的 50 年代"这样的历史时期。利用谷歌公司于 20 世纪 90 年代启动的图书扫描项目，我们对 300 年间出版的数百万本书每一个词语的年度使用量进行了统计。在这些数据中，阿尔贝托·阿切尔比和瓦西里奥斯·兰波斯对与来自 WordNet ③ 情感词库的词袋（愤怒、厌恶、恐惧、快乐、悲伤、诧异）相对应的词语的使用量进行了计算。他们发现，在整个 20 世纪，图书中情绪词汇的相对使用频率都呈现下降趋势，而且无论是对非虚构类图书还是虚构类图书来说都是如此。有趣的是，这种整体的下降是由从 19 世纪早期开始的积极情绪词汇使用量的下降导致的，而在过去的两个世纪里，消极情绪词汇的使用量几乎没什么变化。

这种在经济、政治领域，以及措辞方式中的即时反馈是很值得探讨的。它会带来怎样的改变呢？尽管我们到下一章才会谈到这个问题，但还是忍不住想要在这里简要地介绍一下 21 世纪迄今为止最酷的一项技术，那就是由休斯敦的贝勒医学院研发的多功能超感觉传感器技术，它可以通过声音传感器将单词转化为作用于身体的特

---

① 铁锈地带：美国东北部五大湖附近传统工业衰退的地区。——译者注
② 快乐的 90 年代：指 19 世纪 90 年代。——译者注
③ WordNet：一种基于认知语言学的英语词典。——译者注

定振动模式。这项技术的发明者大卫·伊格曼预计，在未来的某一天，政治领袖在做现场演讲时，或许会穿戴着联网的多功能超感觉传感器："推特会立即告诉你观众的反应。这样你就在瞬间与正在听你演讲的上千人，或者有可能几十万人的意识相通，你可能会说：'哦，大家好像不太喜欢我那样说。'"考虑到希拉里和特朗普这两位候选人对于社交媒体的依赖程度（目的是获得即时反馈），我们还是很愿意花一大笔钱去看他们两个人在 2016 年总统竞选期间穿戴着多功能超感觉传感器互相辩论的。

MOORE IS BETTER?

———————

9

摩尔更好吗？

你可能还记得第 4 章里提到的那些在米德尔顿电影院销售柜台后面的冰箱零件，它们在那里堆放了好几个月，直到有一天，地区主管杰瑞来了，并让亚历克斯和经理把它们处理掉。经理把零件装上车带回了家，这让亚历克斯感到很奇怪：如果它们只是被闲置在影院的大厅里，那为什么当初经理要买它们呢？难道买的目的不是修好坏了的冰箱吗？也许这位经理从他父母那里同时继承了拖延和易冲动的性格（购买昂贵的零部件并堆放数月的行为在这本书里当然算得上是"冲动"）。在拖延、责任心、冲动等行为特征中，大约有一半的变异是通过基因遗传的。然而，我们并不确定有关修理冰箱的知识是否也与基因有关。也许是经理的父亲教过他如何修理冰箱，或者是经理可能正在尽量抽时间去看维修手册，然后自己解决问题（这也是一种"个体学习"的方式，只不过需要帮助）。亚历克斯从来没有问过他究竟是哪一种情况。

　　不过，要是在一个荒岛上，即使先前接受过训练，经理也必须从头开始制造一台冰箱。从荷马的《奥德赛》到威廉·戈尔丁的

《蝇王》，再到 20 世纪 60 年代的情景喜剧《盖里甘的岛》，西方文化总是很喜欢把人放到荒岛上，然后看看会发生什么。毫无疑问，技术会对居民的表现产生重要的影响。与 20 世纪 60 年代的原版电视节目不同的是，在 21 世纪上映的电影《盖里甘的岛》中，失事船只上的乘客在游上岸时，不会只带着自己积累的知识和几只装满钱、股票凭证和名牌衣服的大箱子。如今，那些沉船后漂流到孤岛上的人会紧紧抓住自己的智能手机，这是一个很好的选择，因为肯定有一部分电子设备能在游上岸的过程中幸存下来。在学习如何造冰箱的时候，没有什么方法会比用智能手机查一下更好了，至少在你手机电量耗尽之前是这样的。

不过，我们还得想想别的事情：因为与智能手机相关的有效专利有大约 25 万项，所以如果我们假定每项专利都是由几个人共有的话，那么相当于遭遇海难的这群人把数百万高技术人才的成果带到了荒岛。而在美国本土，每年颁发的软件专利证书约有 4 万个。有两位法学教授通过计算得出了这样的结果：解决所有可能的专利侵权案件可以让 200 万名专利律师持续拥有全职的工作。而这还不包括对于数百万在互联网上分享自己想法、观点、智慧以及其他任何东西（包括上百个详细介绍如何造出一台冰箱的网站）的用户权利的保护。

重要的是，想法需要人们去创造和管理。荒岛上的这群人会创造自己的想法吗？在《盖里甘的岛》中，教授发明了大家所需要的一切东西（当然，除了一艘可靠的船）。他用椰子壳做了个测谎仪；

用树液把雨衣粘在一起做成了热气球；还从岩石和木瓜种子中提取出了硝化甘油。不过要是教授死了，他的大部分本领将会随他而去。那么盖里甘的岛未来的几代居民将会越来越深地陷入技术上的黑暗。好在正如 1978 年的一部电视电影所交代的那样，在这种情况出现之前他们就都获救了。

塔斯马尼亚假说

《盖里甘的岛》是乔·亨里奇提出的文化知识随时间不断积累的著名理论的最好例证。亨里奇对塔斯马尼亚岛进行了案例研究，他首先假设这里的每个人都会向族群中的某位专家学习。对于一个年幼的孩子来说，专家就是他们的父母，而学习者，长大之后可能会把注意力集中在社群中比他们的父母在某些任务上看起来更成功和（或）更有知识的人身上。根据这个"塔斯马尼亚假说"，每位学习者未来的技能或知识水平将取决于某些变量和概率：一位专家被识别出来的难易程度、专家传授技能的水平、学习过程的精准程度，还有学习者对于所传授知识的理解程度。

在合理的假设之下，一般的学习者往往不会变得像专家那样优秀，但偶尔也会有某个学生在技能上超越老师。例如，盖里甘在从教授那里学会如何利用树液后，就调制出一种黏性超强的胶水，而这种胶水在制造岛上电话的时候发挥了关键的作用。我们认为，族群越大，至少有一个"盖里甘"会在某件事情上超越教授的概率就越大。在差不多达到临界规模的族群中，这个概率将足够高，以至于每一代都至少有一个"盖里甘"会超过教授，从而提高每一代的水平。这也就帮助我们解释了为什么在 20 世纪人们的智商得分一直在增长。

塔斯马尼亚假说不好的一面是，当一个族群发展遇到瓶颈时，累积的知识将会消失。例如，在史前的塔斯马尼亚岛，当人口突然下降时，技术水平也出现了倒退。不过，技术并不是唯一受到人口瓶颈制约的方面。在整个太平洋地区讲波利尼西亚语的岛屿中，人口越少的岛屿在过去几个世纪中的词汇损耗率越高，而在人口越多的岛屿，词汇增长率也越高。

人多智广的观点使一些人对世界人口的增长持乐观态度，到 2100 年，世界人口可能达到 100 亿到 110 亿。让我们仔细看看"人越多，思想越多"这句话吧。那些看不见的思想是我们集体智慧的产物，通过社会和技术的通信网络联系在一起。一项案例研究表明，在肯尼亚的一个小镇里，人口连续 75 年的增长使人们终于找到了在原本贫瘠的山坡上耕作的好方法，从而增加了家庭收入。随着世界城市人口的增加（1900 年占比 1/8，2008 年达到一半，预计在 2050 年将达到 2/3），至少有一些人对此表现出了更加乐观的态度。

这种乐观是建立在两种趋势之上的。首先，城市人口的增长速度较慢，这是由于父母在子女教育上的投入越来越多，他们的目标不再是拥有更多的孩子，而在农业社会，孩子的数量始终是最重要的一件事，因为孩子越多，劳动力就越多。在第 6 章中，我们提到了全球总生育率的下降情况，但事实上，在城市中心，生育率已经下降到了 2% 以下。第二，在密集的城市环境中，尽管人口增长的速度放缓了，但产生的思想、创意和信息却在以指数形式增长。为什么会这样呢？因为在大型社会中，创新不仅仅是一人一个想法那么简单，它是人际网络内部的一个思想交流的动态过程。随着人口规模的扩大（包括社交联系的总次数和交际活动的范围），城市生活的节奏呈现"超线性"加快的趋势。例如，某个城市的生产总值和专利发明数量会以人口数量增长速度的 1.2 到 1.3 次方这样的速度增长。换句话说，如果这里的人口从 10 万增长到 50 万，那么生产总值和专利发明数量就会从 300 万增加到 2 500 万。

这些都是城市特有的"标度率"；不过，思想的交流仍然是以人为主体来进行的。从《老友记》和《欲望城市》这样的电视节目中，我们了解到生活在市区里的人们都会和同龄人一起出去玩。城市对于社交网络嵌入性（一个人的熟人之间相互联系的可能性）的改变微乎其微。真正起作用的是有效的文化人口规模，也就是实际共享信息的人数。人口稠密区产生新思想的效率归根结底还是由其中的小群体以及成员的流动性所决定的。

许多管理者认为，拥有不同技能的 8 个人可以组成一个优秀的团队，这是很有道理的。亚利桑那大学的一项心理学实验表明，在一起玩高难度的电脑游戏时，8 个人的团队比一个人或 4 个人的团队表现更好。而 16 人团队的表现也没有超过 8 人团队，也许甚至还要更差一点。即使要比较人均水平，8 人团队的表现也是最好的。

《盖里甘的岛》中有 7 个拥有不同长处的人，其中包括一位全能专家。教授常常会从盖里甘和船长那里得到帮助，而且有时吉格尔、玛丽·安和豪厄尔夫妇（尤其罕见）也能帮上忙。

信息爆炸

科学的目标就是提高集体智商，可以说这就是为什么那些著名的"同时发现"并不是偶然的巧合。例如，在 1858 年的两周时间里，查尔斯·达尔文和阿尔弗雷德·华莱士显然都独立地"发现"了进化论。如今，个体天才变得越来越难被发现，因为大规模的研究团队已经成为常态。2015 年有一篇物理学论文因拥有 5 000 多位作者而创下纪录，尽管这只是一个特例，但由 50 或者更多人撰稿的文章确实并不少见。随着研究人员数量的增长（目前的增速是每年约 5%），科研论文的数量也在增长。最准确的估计值是从 1965 年以来每年增长大约 4%，而在这段时间共有数千万篇经同行评审的论文被发表。这些论文共引用了大约 10 亿条参考文献，事实上引文数量也在以每年 5% 的速度增长。这样的增长率尽管看起来不算什么，但会带来指数级的变化，所以实际数量几乎每 15 年就要翻一番。

当然，这种书面表达的爆发式增长并不局限于科学领域，因为几个世纪以来，出现在图书中的英语单词的绝对数量也呈指数形式增长，从 1700 年的数百万个单词变成了 21 世纪的数万亿个单词。

而这些书里包含的用语在网络资源当中只占几个百分点。到 2007 年，人类储存的数字数据量已经达到了 2 万亿千兆比特，而且这个数字大约每 3 年就会翻一番。2016 年，全世界的存储信息量是 2007 年的 10 倍多，也就是"20"后面跟 21 个"0"那么多。真是个庞大的数字。

这一切都让人想起了阿尔文·托夫勒在 1970 年出版的经典著作《未来的冲击》，他在该书中预言了"信息超载"的后果。45 年后，历史学家阿比·史密斯·拉姆齐提出，大量的数字信息阻碍了我们所有人遗忘能力的发挥，而遗忘是一种重要的行为特征，它可以清理杂乱信息，为创造性思维腾出空间。我们在前几章中已经看到，某个故事的口头传播过程会删掉多余的细节，使之变得更易学，而且更切题。相比之下，一段病毒视频在传播过程中并没有得到优化，而是被原样复制了数百万次，这样实际上积累了更多以评论和元数据的形式存在的无用信息。

如果长期以来没有典型文化传播的审查，文化必然会积累大量的无用之物。随着科技的发展，存储信息的空间增大，我们的电子设备、文章和视频中都积累了大量的信息垃圾。负责清理的应用软件每周都可以轻易地从你的智能手机上消除 10 亿字节的垃圾数据，信息量相当于一卡车的图书或者古代的亚历山大图书馆，这些全都是无用之物。

然而，无用之物仍然是进化的一部分。例如，人类的很多 DNA 看起来都没有用，意思是没有任何看得见的功能。这并不意味着某个 DNA 可能具有某种功能，而是意味着我们还没有找到与它对应的功能。在进化的时间尺度上，自然选择清除无用基因的速度往往与随机突变产生无用基因的速度一样快。同样，在早期的文化进化中，伴随着更实用易学的信息一起产生的垃圾信息的量受到了社群规模的限制。

但是，一旦我们开始用身外载体存储信息，这种限制就被解除了。在 21 世纪，信息存储几乎没有任何限制，因为存储和处理过程都跟上了信息爆炸的步伐。2015 年，电脑巨头英特尔为其员工戈登·摩尔在 1965 年的准确预测诞生 50 周年举行了庆祝活动。这个预测后来被称为摩尔定律，即每一美元能买到的计算机性能会以指数形式增长，每两年就翻一番。麻省理工学院媒体实验室的塞萨尔·伊达尔戈计算出地球（包括人类、生物和技术方面）的极限信息容量约为 10^{56} 比特（8 比特等于 1 字节）。不得不说这真是个庞大的数字。2017 年，世界上最大的计算机（在中国）包含约 10^{15} 比特的信息，这与"行星硬盘"相比，就相当于用单个电子的直径与一个大型星系的直径相比较。伊达尔戈还算出行星硬盘的总容量已被占用 10^{44} 比特，这就像开车从波士顿到西雅图只移动了半厘米一样。

信息爆炸对科学的冲击

科学领域的信息存储量也在增加，这一点不仅体现在计算机数据方面，还体现在同行审阅期刊的版面上。开源（意思是其内容免费）期刊《美国公共科学图书馆·综合》在上线之后，于 2006 年开始出版，其刊发的论文数量连续 6 年以每年翻一番的速度增长。由于参与这项工作的审稿人越来越多，所以即使《美国公共科学图书馆·综合》每天要发表约 100 篇论文，也可以保持审核流程的严谨性。尽管这种大批量的模式已经流传开了，而且反响很好（一些声誉很高的纸质期刊，如《科学》和《自然》也有了在线期刊），但也催生了上百家掠夺性的开源期刊，为了收取高昂的费用，它们会发表几乎所有学科的几乎任何一项学术研究成果。

科学的新领域就像在高地上呈现分支状的河流源头一样，从越来越专业化的土壤中生长出来。正如讽刺报纸《洋葱新闻》的头版标题所说的那样："科学家发现了全世界的淤泥沉积情况，但就算你对此不感兴趣，也请理解。"2016 年，有 20 篇经同行评审的有关"陶瓷考古的中子活化分析"这一专业课题的论文发表。如果你是一位对这一课题很感兴趣的专家，那这种情况还是可以应付的，但如果要把范围拓展到当年发表的约 800 篇有关中子活化分析的论文，就很难应对了，更不用说还有几千篇有关考古学的论文。如果你在研究一些更主流的课题，比如肥胖，那么在你要查阅的论文中，单是 2016 年发表的就有超过两万篇。这已经超出了人类吸收知识的能力，也意味着科学在更多时候可能只是在白费力气，那就是虽然发明的东西多了，但带来的改变相对少了。

让我们来进一步研究一下在已出版的内容总量和产生的新信息

量之间的收益递减效应。关于收益递减有一条普遍规律，那就是词汇量只会随着被出版单词原始数量的平方根的增大而增大，也就是说如果你把图书数量增加到原来的 100 倍，那么这些书中包含的词汇量只会增加到原来的 10 倍。这种效应也体现在一个人对他人著作的引用上。目前，大多数被引用的都是最近几年的文献。由于科学论文的数量呈指数级增长，所以几年之内的文献在新近发表的科学文献总量中的占比只会越来越小。如果论文数量每 10 年翻一番的话（也就是每年增长 7%），那么现在的文献目录与 10 年前同样容量文献目录相比，前者对于日益扩展的领域的覆盖率只有后者的一半。

不过有趣的是，由于新创作的文章和图书数量迅速增长，你的著作被引用的可能性也增大了，尤其是最近几年发表的。德雷克·德拉索拉首次注意到，在 1965 年，大多数的科学论文都从未被引用过，而这正是科学去除无用成果的冷酷的方式。1980 年，在所有已发表的研究成果中，约有 30% 从未被引用，但到了 2015 年，就只有 10% 的论文未被引用过，而且这一比例仍在不断下降。一个人的被引用次数暴涨，以至于在在世的科学家中，即使没有上千人，也有上百人的 h 指数（表示在某名研究人员发表的论文中，有 h 篇至少被引用了 h 次。例如，h 指数为 16 就意味着有 16 篇不同的论文至少被引用了 16 次）比达尔文还要高。当然，使被引次数更高的最佳方法是尽可能多地引用你自己的著作，即使它与你目前正在撰写的内容并不相关。

借用刘易斯·卡罗尔在《爱丽丝镜中奇遇记》中的说法，这就是"红皇后效应"，意思是研究人员哪怕只是要留在原地，也需要做越来越多的事情。由于登上顶级刊物的竞争日益激烈，所以在过去10年间发生的一些备受关注的伪造数据的论文被撤销的事件也就不足为奇了。其中一次发生在2005年，当时一篇研究牙买加舞蹈吸引力的论文登上了《自然》杂志的封面。后来，资深作者在发现论文的第一作者伪造数据之后，花了很长时间才撤销了这篇论文，直到2013年12月，《自然》杂志上才发表了一篇两句话的撤稿信。出版方似乎对超高的被引次数更感兴趣，而不太在意这些引文会不会成为公认的伪科学。2015年，《科学》杂志上的一篇论文伪造了一组数据，这组数据与上门拉票的游说者会如何影响人们对于个人固有形象的看法有关。有趣的是，在第二年，这个假设就在其他科学家所进行的真实可靠的研究中得到了证实。

荷兰心理学教授迪耶德里克·斯塔佩尔在2011年被蒂尔堡大学停职。起初，他只是操纵实验心理学的研究结果，在随后几年中，为了获得知名期刊喜欢的那种"结果"，他开始伪造数据。作为一位资深科学家，斯塔佩尔的身边围绕着很多初级的合著者，而他们显然不知道这些数据是虚假的。斯塔佩尔著作的被引次数自然是一落千丈，他最紧密的合著者似乎也已经被他拖下了水。无论有罪与否，名誉在科学界都是很重要的。

不加选择

伴随着所有这些垃圾、自命不凡和欺诈行为，我们还能像在《盖里甘的岛》中那样找到最好的创意，并在其基础上继续发展吗？进化漂变会在不加选择的情况下填补这一空白，而且行动很多，有意义的却很少。尽管随机漂变是变异和传播的过程，但它很少或者根本不会进行选择。你可能会想到网络上铺天盖地的假新闻，不过还有另一个被充分研究的例子，那就是名字。尽管我们在第 1 章中说过，名字在过去是一项传统，但现在却由于被随机复制而受到了进化漂变的影响。由于随机漂变的空间的不断扩大，即使产生的新创意再多，人们也很难改变最普遍的想法。这是因为在一个呈指数级增长的语料库中，起初默默无闻的新创意是不太可能漂变成热点话题的。尽管不断扩大的族群会有更多的创意，但这些创意要想被普及会遇到更大的困难，因为最热门的创意一直在朝着流行度不断攀升的目标而努力。

这是一种更极端的红皇后效应。荒谬的是，指数级增长会让这种情况看起来像是漂变过程中的赢家，成为被选中的对象。不妨想想在某个类型当中"前 200 个"最流行的观点或话题，可以是推特名人、热门的科学话题，或者只是最流行的英语词汇。由于总会有新的条目取代前 200 名中的条目，所以排名会发生变动。在随机漂变的影响下，排名变动的情况通常是不间断的，因为新条目只是借助随机漂变的运气而大受欢迎。然而，当语料库呈指数级增长时，上层的"富者更富效应"会不断抬高标准。1970 年，在 5 年前发表的研究论文中，被引次数排名前 1% 的每篇论文也只被引用了 50 次，但到了 2005 年，这个数字就超过了 100。随着排名前 1% 的条目开始变得成熟，变动的速度就会减慢。我们在英语单词中也发现了同样的现象。在 19 世纪初的书籍中，使用量排名前 200 位的单词每年都会有 7 到 8 个词不一样。到了 1900 年，就只有两三个词不一样了，而到了 2000 年，使用量前 200 位的单词中每年就只有一个词不同。不管在哪里，都是数量越多，种类越少。

然而，这种指数级增长的趋势并不会永远持续下去。尽管行星硬盘的极限存储量很大，但至少在目前看来，计算机领域的摩尔定律终于开始趋于稳定了，因为计算机性能如果要继续翻倍的话，晶体管的尺寸需要变得比 10 纳米还要小。摩尔定律终于进入了由创意、发明和趋于平稳的状态构成的经典 S 形曲线周期当中的第三阶段。随着信息量逐渐趋于稳定，会不会有更强的选择过程能够让所有好的创意重见天日，同时去除无用之物呢？更多的人还会意味着有更多的好创意吗？也许吧，但考虑到信息领域无比广阔的事实，人类还是会需要帮助。这种帮助（即新的 S 形曲线）来自人工智能。当利用机器来审核信息时，人们就又可以进行选择了，但我们将在下一章中看到，这与之前的选择过程并不相同。

FREE WILLY

———————

10
人鱼童话

亚历克斯独自一人在米德尔顿电影院上班的时候，他要先在柜台外面向顾客出售 99 美分一张的电影票，然后回到柜台里面去给他们拿饮料，最后爬上放映间开始放映电影。在这个放映间里，胶片从一个巨大的旋转盘出发，通过滚轮，再经过投影镜，就到了另一个完全一样的接收盘，而为了方便下一次放映，接收盘会将胶片反面朝外缠绕起来。有一天，亚历克斯在开始放映《人鱼童话》之后，就回到大厅里，给"好又多"盒装糖果除尘，一位顾客过来说屏幕已经空白了 10 分钟。亚历克斯冲到楼上，发现胶片已经从旋转盘上掉落，在地上乱成一团，毫无头绪。慌乱中，亚历克斯把缠在一起的胶片全部剪掉，然后将两端重新拼接，而在接下来的放映中，《人鱼童话》是从影片的第 10 分钟开始的。尽管观众们似乎并不在意，但他们肯定注意到，汽车经销商投放的广告还没播完，就突然跳到了虎鲸威利游来游去的场景。

这个突然的变化体现了未来文化进化的两个要点。首先，预期叙述当中的空白会打乱我们的工作记忆，而工作记忆是文化能力的一个重要方面。随着算法和人工智能在文化传播中扮演了越来越重要的角色，工作记忆成了一个重要议题。黑猩猩有足够的工作记忆来制造复杂的工具，并维持基本的行为传统，比如记得如何使用一种它们多年未见的工具，不过人类可以利用记忆做更多的事情，比如记得内嵌在文化记忆当中的更大规模的序列里的子过程。人们可以在几秒钟内完成复杂的活动，比如解决简单的代数问题，也可以用很多年来完成，比如抚养孩子。

第二，正如前一刻还在看一家汽车经销商的广告，而下一刻就看到一头虎鲸游来游去的观影者一样，脱节的感觉已经成为我们生活的一部分。托马斯·弗里德曼在《谢谢你迟到》一书中写道，技术变革的速度可能已经超过了人类行为、法律、制度和风俗能够适应的速度。这并不是阿尔文·托夫勒在《未来的冲击》中所描述的代际变迁，而是代内变迁。这一过程通过各种迅速变化的媒体发生在文化进化的三个要素（变异、传播和选择）当中。例如，2014年一项针对美国青少年的调查显示，尽管脸书仍是国民最喜欢的社交媒介，但它已经受到了照片墙、色拉布、Vine[①]、汤博乐[②]以及其他新平台的挑战。这还不包括所有的通信应用程序，比如 WhatsApp 和 Viber，以及总用户数量比那些大型社交媒体网络还要多的软件。每一款新的社交媒体或者信息传递平台在其受欢迎程度上升和下降的过程中，都会在变异、传播和选择方面展现自己独特的偏好，目

---

① Vine：推特旗下的一款视频分享应用。——译者注
② 汤博乐：全球最大的轻博客网站。——译者注

的都是在满足用户需求的前提下尽可能地向公司的目标倾斜。

退一步讲，这种令人不安的变化其实代表了文化进化模式之间的转变。我们想通过下面这个不太恰当的类比来说明，但前提是不能照字面意思去理解。我们不妨把传播过程的记忆组成部分想象成海洋中的水深，这样，有的地方浅，有的地方深。而在我们的海洋中栖息着 3 种不同的动物，分别代表了某种文化进化模式的过去、现在和未来。其中蓝鳍金枪鱼生活在最深处，大群的鲱鱼生活在浅水区，而在整个海洋中四处游弋的则是虎鲸。让我们来仔细看看这些海洋居民吧。

蓝鳍金枪鱼和鲱鱼

蓝鳍金枪鱼代表了历史悠久的地方传统。它们可以潜到水下一公里左右的地方，而且群体规模相对较小，能够共同记住像遥远的迁徙点这样的事情。和传统文化一样，蓝鳍金枪鱼也面临着灭绝的危险。成群结队的鲱鱼（足有几百万条）则生活在较浅的沿海水域。同样，在最近一个时期，算法也在以人气为灯塔，引导着像鲱鱼群一样的人类粉丝。水箱试验表明，一条始终朝着一个方向游动的机器鱼可以让一群真正的鱼跟随它运动，这和我们第 1 章中提到的伊恩·库赞在鸟群中观察到的现象是一样的。灵长目动物也可以用同样的方式进行引导，比方说几只狒狒可以把整个群体带领到一片新的觅食区，前提是它们要朝着相同的方向运动。动物科学家把这种现象称为定向一致性。商人也希望得到同样的结果，因此会雇用数据挖掘公司去收集每个人的上千个数据点，目的是从定向广告、受众反应和更具针对性的广告当中获得反馈，从而将消费者引导到某个特定的方向上。

显然，算法对人类沟通和决策过程的帮助越大，对文化进化的速度和模式的改变就越深刻。用户在线选择的时候，搜索算法实际上会根据受欢迎程度或网络中心度对选项进行排序，从而导致了流行性偏好。在社交媒体中，正面的评价是一种最重要的货币。受欢迎程度的地位已经慢慢超过了质量。无论是酒店房间、投资项目，还是科学理论，人们总是更有可能认可别人已经认可的事情。当然，质量会影响评价结果，但如果人们都在复制彼此的错误（比如说弄错了量级，也就是我们所认为的某个三位数实际上是个四位数），那这些错误就不会被消除。更确切地说，它们会成倍地反馈到众包算法当中。例如，在 2013 年，谷歌流感趋势就高估了流感爆发的可能性（以人们在谷歌上搜索的与流感相关的术语来自他们的亲身体验为前提），这是因为很多人会在谷歌上搜索别人正在搜索的内容，这又会让谷歌向用户推荐这些搜索词，然后以此类推。

在文化的进化过程中，浅的时间深度意味着摆脱了古老过去的影响，这通常会为更多的转换和漂变留下空间。1960 年，在密西西比河以西几乎所有的州，戴维都是最受欢迎的男孩名字，而差不多在每个州，迈克尔、詹姆斯、罗伯特和约翰都稳稳地排在前五位。如今在美国，宝宝的名字都是自由选择的，不再依据传统或是通过继承获得，而且在过去的几十年里，出现新名字的概率已经增长了两倍。前 100 个受欢迎的名字变化得很快。名字排名表则会帮助父母得知最符合他们所处的社群或地区的名字，比如爱迪生和比乌拉就是美国南方地区最受欢迎的两个名字。这就使起名字这件事呈现出"割据"的局面。2015 年，在威斯康星州最流行的两个男孩名字奥利弗和欧文都没有出现在加利福尼亚州排名的前 30 位。这就是典型的生态漂变。例如，鸟鸣声经过演化表现出地域性，是因为鸟类在相互模仿的同时，还加入了由于重组、发明或错误而产生的变化。

同样，社交媒体内容的漂变也会造成群体的两极分化。社交媒体上大量的虚假新闻暗示了因身份认同聚在一起的人的相关的漂变思想。依隆大学的乔纳森·奥尔布赖特描述：现在虚假新闻网站对主流的媒体网站展开了"庞大的卫星系统"的包围之势。这一切都是在算法的帮助下实现的，因为由虚假新闻网站构成的网络纠缠度很高，所以每个站点都很容易被找到，这样就有助于提升它在谷歌的页面排名算法中的结果，从而实现通过网络连接性和受欢迎程度，而不是可信性来对网站进行优先级排序。

同样，社交媒体和众包模式可能会使科学思想学派变得更像鲱鱼。从最近的科学文献目录来看，科学家都紧跟潮流，越来越多地通过社交媒体信息获取自己关注的信息。谷歌学术搜索、Mendeley（文献管理软件）、研究之门和 Scizzle（文献管理工具）所使用的算法都是通过科学家对某一主题的关注与他们的社交和引文网络之间个性化的平衡，来为他们提供文章。还有的科学家会给自己的推特机器人编码，从而自动搜索带有专业关键词的文章，在这个过程中还会吸引数百位科学家成为自己的粉丝。

为了抵制这一现象，《自然》杂志建议科学家"去参加研讨班和会议"，并引用一位年轻科学家所说的，"每周一次的活动可以帮助人们走出办公室，建立一种团体意识"。如果还有人在这一点上需要被提醒的事实看起来很令人惊讶的话，那是因为科学已经果断地朝着由科学家、他们编制的算法，以及所有科学记录完成虚拟合作的方向迈进。

虎鲸

虎鲸是未来知识掠夺者的完美化身，它们是有头脑也有选择性的猎人，会独自行动或与他人合作，从任何地方，在它们能潜入的极限深度选择自己的猎物。让我们来看看这些品质在科学家身上是如何体现出来的。在理想情况下，公开的在线协作会使科学家更倾向于以最新的、相关度最高的科学成果为基础进行研究，而不会像鲱鱼那样，始终围绕着引文统计数据和网络链接。被誉为"软件设计界的维基百科"的 GitHub 就是一种鼓舞人心的模式，成千上万的开发者在这里公开进行项目合作。GitHub 用户主要以获得同行给出的肯定评论（比如"干得好！"）为动力，深入探索，甚至还为微软和惠普公司这样的巨头完成了免费的项目。托马斯·弗里德曼说，在 GitHub 上，"最终会有一位专家，也就是那个编写原始程序的人，来帮助你决定接受什么和拒绝什么"。由专家来审核最佳创意的 GitHub 正是我们在第 9 章中所探讨的塔斯马尼亚模式的典型代表，在这种模式下，庞大的群体加快了进步的速度。像虎鲸一样的 GitHub 开发者遍布全球，数量庞大，和几个像鲼鱼一样而且拿薪水的员工比起来，他们完成项目所用的时间要短得多。

当科学家像虎鲸那样潜入深海寻找猎物时，会在冰冷的水下墓穴中发现数百万篇科学论文。我们在第 9 章中提到过，在这些论文中，有很多文章（尤其是年代比较久远的文章）从未被引用过。事实上，任何一篇文章，无论多么晦涩或者古老，都可能会被虎鲸搜索到。诗人兼记者丹·恰森曾写道："过去的一切都不会消失……所有的事物都存在于一个平面上。"所以，如果你是一位研究人员，而且写了很多可圈可点但未被引用的文章，请振作起来，因为它们肯定会在某一天被人看到。在全球范围内，从历史角度出发对数字信息进行利用，知识进化将会在人工智能的帮助下选择出优良的成果。如果开放科学采用这种专家选择的机制，科学发展的脚步就会加快。在 2014 年公布基因编辑技术 CRISPR 之后，麻省理工学院的凯文·埃斯韦特认为开放科学从道义上讲势在必行，尤其是在人类开始干预动物、昆虫、植物、微生物，甚至可能还有他们自己的进化的情况下。

一个完全开放的学科还可以研究自身，从而优化自己的发展。例如，预测新的医学论文在未来被引用的次数可以帮助预测 10 年后会不会出现某种经食品和药物管理局批准的药物。通过对文本挖掘后的科学出版物进行荟萃分析，我们会获得更深入的见解。例如，曼彻斯特大学的生物医学研究人员正在探索学科发展的趋势，并绘制信息在不同趋势间流动的情况。找到这样的网络可以突出研究中关键的新领域，也就是那些某一种算法有可能在其中创造出新假说的领域。惠普公司的一本行业性杂志就预言："算法将建立在算法之上，而每次预测都会比上一次更精准。"预测算法正是通过一种被称为监督式学习的过程来学习的，这个过程会将成千上万个连续的估计值与正确答案进行对照，每次试验后都要调整模型参数，以逐步改进估计值。这就是贝叶斯模型分析的本质。

算法不必仅局限于分析已发表的文献，还可以用来研究真实的人。它可以借助一个像亚马逊土耳其机器人（现在每月有超过 2 万名在线参与者）这样的平台来完成从评价容貌吸引力到研究慷慨程度和宗教信仰的各类实验。在线的社会研究已经实现了全球性覆盖，因为世界上有一半以上的人都有手机。机器学习可以从基本的手机数据中推断出很多东西，甚至能知道某个发展中国家的某个人的个人财富。最近，研究人员将卢旺达最大的移动电话网络中的数十亿次交互过程与能够对个人财富直接进行估算的个人电话调查结果进行了比较。机器学习能通过手机联系人、通话量、通话或发短信的时间以及地理位置来估算个人财富。它甚至可以推断某个人是否拥有一辆摩托车，或者家里是否通了电。

匿名电话的数据也可以用来预测冲突，而且不需要知道谈话的内容。你需要的只是所有事件发生的时间，因为它们往往会以一种可预测的模式加快速度，就像一个球掉在地板上会发出"砰……砰……砰，砰，砰砰砰砰砰"的声音一样。当冲突升级时，响应事件之间不断缩短的时间间隔（无论是几年、几天还是几秒）与事件的数字序号都是成反比的，而将二者联系起来的负指数叫作升级参数。这种方法是根据现实和网络中的数据集开发出来的，可用于分析战争升级以及某次袭击或者内乱前的在线讨论，甚至也适用于家庭餐桌上的一次争执（你可以用一只秒表和 YouTube 上威尔·法瑞尔的经典滑稽短剧《我开的是辆道奇层云》来验证一下）。

在财富和冲突之后，下一步要预测的就是健康状况。未来可能会发生许多奇迹。惠普公司说，到 2030 年，你体内的微芯片会提醒你该去给自己打印一个 3D 的新肾了。这并不是天方夜谭。即使是现在，一位谷歌用户对某些症状（比方说糖尿病或某种慢性疾病）的搜索已经能够揭示出某种连用户自己都还不知道的已经出现的健康问题。而政府当然也很想了解公众的健康状况。2015 年，在英国，国家医疗服务体系同意与谷歌旗下的公司 Deepmind 共享数百万份个人健康记录，这家公司开发了一个叫"可微分神经计算机"的神经网络，它可以通过学习来理解故事、分析网络，并解决复杂的逻辑问题。

说到这里，我们提到过虎鲸有个巨大的大脑吗？开发神经网络的目的是借助能够在模式当中发现模式的各个层次，像人脑一样解决问题。一张人脸图像可能会先进入输入数据层，然后数据会通过中间表示层（比方说先构成一个形状的边缘，然后形成人脸）传递给响应层。一个动态神经网络的学习方式是通过重新连接自身的神经元，使数百万个神经元当中因得出正确答案而被激活的那些得到加强。由于神经网络中的连接数随着节点数的平方的增长而增长，所以神经网络的模式识别可以在短时间内变得很精细。

不过，我们还没有制造出真正像人一样理性的机器。麻省理工学院人脑、心智与机器中心的研究人员表示，人工智能需要从单纯的模式识别（无论多么先进或者迅速）向因果解释的方向发展，这一点我们在第 8 章中已经谈到了。人工智能领域的许多进步都是通过玩游戏来获得的，这个过程需要大量处于监督之下的试错学习，并且要包含关于正确答案的反馈。例如，要想在围棋游戏中击败一名玩家，即使对方是新手，深层神经网络也必须首先观察专业棋手走的数百万步棋，并进行数百万次练习赛。脸书的深层卷积网络需要学习成千上万个例子才能判断一个仅由几块玩具积木搭成的塔会怎样倒下，而这却是一个小孩凭直觉就能知道的事情。

从玩游戏的角度来说，人工智能仍然像棋类游戏一样，目的还是对特定情况下的某种特定行为的长期回报进行优化。它很难理解新输入的信息，比方说读懂用一种新的笔迹写的内容；也不能轻易地将简单元素概括或组合成具有无限可能性的复杂概念，而这正是人类思想和语言的一种被称为语义合成性的特征。为了进行对话，一个神经网络会根据前一句话来预测下一句话。这样一来，我们不禁想起 20 世纪 60 年代麻省理工学院的"伊莱莎"项目，用乔治·奥威尔过去对于政客言论的描述来说就是，这个项目只是通过一段"将短语拼凑在一起，就像一个用预制构件组装的鸡舍一样"的对话来滥竽充数。半个世纪后，神经网络才展现了更多的独创性。谷歌公司的研究人员问他们开发的神经会话机器："什么是不道德的？"它回答道："你有孩子这个事实。"这多少让人有些不爽。公平地说，它和其他像亚马逊 Alexa 这样的智能个人助理一样，其目的是回答客户服务问题或者销售产品，而不是进行以语义合成为基础的独创性对话，或是对世界做出因果解释。

与目前的人工智能相比（遥远未来的人工智能如果读到这里可能会"大笑"起来），人类能从更少的信息当中学到更多的东西。不管是通过个体学习还是社会学习，孩子们都能学会分离变量并检验因果假设。学习过如何学习的孩子，比如那些蒙特梭利学校的学生，会在语言、数学、创造力、社会交往和理解力方面获得相当大的优势。从少数几个例子当中，人类就可以归纳出解释性的概念。为了在推理的创造性和灵活性上更接近人类，人工智能必须具备语义合成能力，这样，它就能够举一反三，不再简单地从如百科全书一般的参考集中查找每一个答案。

这是那些正在试验随机程序的研究人员想要达到的目标，这些程序可以将对象和目标解析为基本的组分，然后将它们重新组合成新的概念和更大的目标。说到这里，我们就不得不再次提到记忆的重要性。Deepmind 公司的神经计算机所取得的突破正是通过将外部读写内存与强大的神经网络进行集成而实现的。这使得计算机能够表达和处理复杂的数据结构，并且像神经网络那样从数据中学习。由于人类比黑猩猩拥有更好的工作记忆，所以记忆很可能是人工智能变得和人类一样的关键。科幻小说早就明白了这一点。在《2001：太空漫游》这部电影的结尾，人工智能电脑 Hal 在记忆装置被取下之后，就失去了人性。而在美国家庭影院频道播出的电视剧《西部世界》中，机器人通过不断积累个人记忆，掌握了人类的推理法。

然而，随着记忆与人工智能的融合，再加上可供搜索的数字记录把一切都置于同一个平面之上，我们需要像埃尔维斯在 1955 年所唱的那样记得如何去忘记。我们拿来做类比的虎鲸并不是鱼，而是哺乳动物，它偶尔会为了呼吸而浮出水面，理清思路。从种群层面来说，忘记可以对现有的变异进行再分类，了结往事，从而开启一个新的系统分支。我们的文化现代性正是得益于此。大约 7.5 万年前，苏门答腊岛的多巴火山爆发，火山灰覆盖了南亚地区，导致地球上可能只剩下不到一万人。一些古人类学家认为，旧石器时代晚期的发展正是从多巴火山的灰烬中开始的，那时所有的艺术、现代行为和新技术构成了人类的文化根基。

伴随着记忆和人工智能的融合程度的提高（也就是机器开始进行决策），还出现了一个关键的问题。已经存在的神经自适应技术可以直接根据大脑活动来领会简单的人类意图。当一个人在电脑屏幕上移动光标，而这台电脑同时在通过被安装在头皮各个位置的几十个电极，以 500 赫兹的频率对这个人的大脑活动进行实时分析的时候，神经自适应系统会通过反复试验，学习如何将大脑活动直接转化为光标预期的运动方向。简而言之，电脑会真正读懂人的思想。然而在通常情况下，电脑会有和人工智能一样的问题，那就是简单的意图（在这个例子中就是移动光标）与真实的想法以及因果解释之间的差距有多大呢？

老鼠来了

最后，我们要注意的是，进化的方向实在难以预料，我们无法对它的未来进行预测。正如华特·迪士尼于 1954 年在《什么是迪斯尼乐园？》这本书中所写的那样："我只希望我们永远不要忘记一件事：一切都是从一只老鼠开始的。"史蒂夫·乔布斯可能也说过同样的话，只不过施乐公司在他之前就尝试过这件事情了。还有人记得施乐 8010① 吗？应该没有。关键就在于，没人能猜到在这些老鼠出现之后，娱乐行业和计算机产业会走上怎样的发展轨迹。这些老鼠是无数在它们之前出现的卡通人物和技术设备的产物，我们只有在事后才会明白到底是谁改变了这一切。

不过，有一点可以肯定，那就是我们不可能确切地知道即将出现的文化变革因素是什么。你能做的最好的事情就是设法对可能发

---

① 施乐 8010：1981 年施乐公司推出的包含一个显示屏、一个鼠标和一个键盘的设备，其运行的 Xerox 8010 系统被认为是世界上最早的全集成桌面操作系统，比苹果公司 1984 年推出的 Macintosh 电脑早了 3 年。——译者注

生变异的空间进行调查，但这是一项很难完成的任务，可以说根本不可能实现。我们的建议不外乎就是以技术为起点。对于某个切入点，你可以去逛逛一年一度的国际消费类电子产品博览会，其宣传语是"改变世界的新发明与新技术的跳板"。而就在几年前，这个博览会上还充斥着各种与互联网相关以及彼此之间相互联系的小玩意儿（所谓的"物联网"），但到了2017年，正如福布斯杂志所指出的那样，这个博览会全是围绕"制造更多能创造和利用智能的东西"这一主题进行的。

这就引出了最后的一个问题：技术和文化进化是会无限期地继续加速，还是存在一个终极速度——一个会导致"减速"的阻力点？例如，在2017年，脸书和欧洲各国政府就已经计划采取措施，以遏制假新闻的传播，而且人工智能是肯定会被用到的，因为目前的情况是，选择过程与变异以及传播过程相比，作用太弱了。当我们好奇人们会不会像电影《她》中的人物那样和自己聪明可爱的人工智能助手结婚时，我们也可以想想一般的进化过程。要预测文化进化的未来，要考虑全人类，而不是个人，当然也不能是你自己。变异、传播和选择过程会受到怎样的影响呢？什么样的反馈将会产生或者被淘汰呢？与其执着于对文化的未来做出单一的预测，不如像贝叶斯那样去思考：这将给概率分布的状况带来怎样的改变呢？我们现在应该要冲向哪一片海浪，之后又该如何找到下一片海浪呢？威利和它的虎鲸朋友都觉得这样很有趣，你也应该如此。